电网大数据处理技术与网络安全

刘向波　王正国　潘志鹏　主编

U0221399

延边大学出版社

图书在版编目（CIP）数据

电网大数据处理技术与网络安全 / 刘向波，王正国，
潘志鹏主编. -- 延吉 ：延边大学出版社，2023.3
　　ISBN 978-7-230-04581-0

　　Ⅰ．①电… Ⅱ．①刘… ②王… ③潘… Ⅲ．①智能控
制－电网－数据处理②电网互联－网络安全 Ⅳ.
①TM76-39②TM727

　　中国国家版本馆CIP数据核字(2023)第046431号

电网大数据处理技术与网络安全

主　　编：刘向波　王正国　潘志鹏
责任编辑：秦玉波
封面设计：文合文化
出版发行：延边大学出版社
社　　址：吉林省延吉市公园路977号　　　邮　　编：133002
网　　址：http://www.ydcbs.com　　　E-mail：ydcbs@ydcbs.com
电　　话：0433-2732435　　　传　　真：0433-2732434
印　　刷：天津市天玺印务有限公司
开　　本：710×1000　1/16
印　　张：13
字　　数：200 千字
版　　次：2023 年 3 月 第 1 版
印　　次：2024 年 6 月 第 2 次印刷
书　　号：ISBN 978-7-230-04581-0

定价：68.00元

编 写 成 员

主　　编：刘向波　王正国　潘志鹏

副 主 编：金　欣　范康康　凌嘉伟

编　　委：孙　超　刘金亭

编写单位：国网山东省电力公司滨州供电公司

前　　言

随着智能电网发展进程的不断推进，电网规模不断扩大，数据采集终端数量不断增加，电网大数据呈现出爆炸式的增长态势，能否高效处理这些电网数据已成为电力行业面临的巨大挑战之一。电网大数据涉及电力生产和电力服务的各个环节，形成了多源、异构、多维、多形式的电力数据资源，这些多源异构数据的融合是挖掘电网大数据价值的基础。

智能电网大数据体现了电力系统及相关领域数据的有机融合。智能电网大数据将突破传统信息技术只针对特定应用的局限性，连接起智能电网各环节间的数据，推进多个业务间的高效协同合作；打通电力系统与一次能源、用电用户、自然环境、经济社会、管理政策之间的信息壁垒，构建起开放、融合、可扩展的分布式一体化数据服务体系，实现紊乱的数据资源向有效的数据资产的转化。本书借助大数据理论和技术，基于智能电网大数据，提炼出深层知识，挖掘出传统物理建模方法无法应对的诸多时空关联关系，能够帮助该领域从业人员建立起更加完善的电网监测、预测、风险管控系统，可支持更全面的分析、更准确的预测及更具价值的辅助决策，能为用户参与提供支持。

笔者在撰写本书的过程中，参考了大量的文献资料，在此对相关文献资料的作者表示由衷的感谢。此外，由于时间和精力有限，书中难免会存在不足之处，敬请广大读者和各位同行予以批评指正。

笔者

2023 年 1 月

目　　录

第一章　大数据概述

第一节　数据的相关概念

一、数据

"数据"的含义很广，不仅指 1011、8084 这样一些传统意义上的数据，还指符号、字符、日期等形式的数据，也包括文本、声音、图像、照片和视频等类型的数据，而微博、微信、购物记录、住宿记录、乘飞机记录、银行消费记录、政府文件等也都是数据。

在网络空间中，有各种各样的数据，如何对数据进行分类是一个重大科学问题，是数据科学的一个重要研究方向。下面将从直观层面对数据进行分类。

（1）依据数据表示的含义来划分

从数据表示的含义来看，数据可以分为两类。一类是表示现实事物的数据，这类数据被称为现实数据；另一类是不表示现实事物，只在网络空间中存在的数据，这类数据被称为非现实数据。

第一，现实数据主要包括两种。第一种是感知数据，它是通过感知设备（如温度传感器、天文望远镜）感知现实世界获得的数据，包括感知生命的数据，这类数据是现实世界的直接反映；第二种是行为数据，它是人类通过科学研究、劳动生产等产生的数据，这类数据是人类行为的直接反映。

第二，非现实数据种类繁多，目前还不能很好地进行分类。第一种是计算机病毒，它是能够自我复制和传播的计算机程序，只能存在于数据界中；第二种是网络游戏；第三种是垃圾数据，它是一种没有任何含义的数据。

（2）依据数据的权属来划分

数据权属还没有法律上的界定，从情理上看，数据不是天然的，数据理应属于数据的生产者，但实际情况往往比较复杂，从目前数据的生产情况和数据被占有的情况来看，数据可以分成以下几类。

第一类是私有数据。指个人隐私数据和个人工作数据。而个人工作数据涉及的内容繁多，其中包括工作单位的数据、出于个人工作需要而收集到的数据和出于其他需要而获得的数据等，还有散落在互联网络上的个人数据。

第二类是多方生产的数据。大部分数据是由多方共同生产的，如电商平台、银行、电信、医院等的数据都是由多方生产的。电商平台的数据是由购物者、网店卖家、支付系统、物流系统、平台等共同生产的，这些数据的权属没有界定。电商数据目前基本上是由电商平台占有并获取利益的，购物者和卖家没有主张权利。但是，如果医院的数据被医院占有并被用来谋取利益，民众就会强烈反对。因此，这类数据的权属有待法律界进行法律界定，以避免出现数据的灰色地带和黑色产业链。

第三类是政府数据。主要指政务数据、政府财政投资生产的数据以及国有企业数据，这部分数据权属属于政府。

第四类是公网数据。主要是指发布在公共网站上的数据，这些数据能够通过搜索引擎访问到。如果按照《中华人民共和国物权法》和《中华人民共和国知识产权法》的规定，这类数据权属属于数据的原创者，不能随便下载使用，应该受到法律的保护。但是，在公共网络上下载数据是普遍的行为，因此这类数据的权属也同样有待法律界进行法律界定。

（3）依据数据的组织形式来划分

从数据的组织形式来看，数据主要有下列一些组织形式：

第一，专用格式数据。有相当多的数据是由专用数字化设备生产的数据，如医学影像数据、遥感数据、GPS数据等。这些数据的处理需要专门的设备或专门的软件。

第二，通用格式数据。在信息化早期阶段，大多数数据库都是存储在文件或通用数据库中的，由文件系统或通用的数据库管理系统来管理。这些数据结构清楚，处理方便。

第三，互联网数据。互联网上的数据，种类和格式繁多，还包括很多垃圾数据、病毒数据，关键是如何找到有用的数据。互联网数据的存在，使得整个网络空间中的数据更加显现出自然界的一些特征。

二、数据界

人类社会的发展进步是人类不断探索自然（宇宙和生命）的过程，当人们将探索自然界的成果存储在网络空间中的时候，便不知不觉地在网络空间中创造了一个数据界。虽然是人生产了数据，并且人还在不断生产数据，但当前的数据已经表现出具有不可控性、未知性、多样性和复杂性等自然界特征。

（1）数据的不可控性

互联网时代，数据呈爆炸式增长的态势，不受人为控制，人们无法控制的现象还有计算机病毒的大量出现和传播、垃圾邮件的泛滥、网络的攻击数据阻塞信息高速公路等。从人类个体上来看，其生产数据是有目的的、可以控制的，但是从总体上来看，数据的生产是不以人的意志为转移的，是以自然的方式增长的。因此，数据的增长、流动已经不为人所控制。

（2）数据的未知性

在网络空间中出现大量未知的数据、未知的数据现象和规律，这是数据科学得以产生的基础。未知性是指不知道从互联网上获得的数据是否正确、是否真实；在两个网站对相同的目标进行搜索访问时得到的结果可能是不一样的，不知道哪个是正确的；也许网络空间中某个数据库早就显示人类将面临能源危机，人们却无法得到这样的知识；人们还不知道数据界有多大，其以什么样的速度在扩大范围。早期使用计算机是将已知的事情交给计算机去完成，将已知的数据存储到计算机中，将已知的算法写成计算机程序。数据、程序和程序执行的结果都是已知的或可预期的。事实上，这期间计算机主要在生活、工作方面为人们提供帮助，提高人们的工作效率和生活质量，因此计算机所做的事情和生产的数据都是清楚的。

虽然每个人是将个人已知的事物和事情存储到网络空间中，但是当一个组织、一个城市或一个国家的公民都将其个人工作、生活中的有关信息存储到网络空间中，数据就将反映这个组织、城市或国家整体的状况，包括社会发展的各种规律和问题。这些由各种综合数据所反映的社会经济规律是人类事先不知道的，也即信息化工作将社会经济规律这些未知的东西也存储到了网络空间中。

（3）数据的多样性和复杂性

随着技术的进步，存储到网络空间中的数据的类别和形式也越来越多样。所谓数据的多样性是指数据有各种类别，如既有各种语言的、各种行业的、空间的数据，也有在互联网中/不在互联网中的、公开/非公开的、企业/政府的数据等。数据的复杂性包括两个方面，一方面是指数据具有各种各样的格式，包括各种专用格式和通用格式；另一方面是指数据之间存在着复杂的关联性。

由于网络空间的数据已经表现出不为人控制、未知性、多样性和复杂性等自然界特征，没有哪个人、哪个组织、哪个国家能够控制网络空间数据的增长、流动，这些数据除了表现现实，还有很多是和现实无关的。需要注意的一点是，从数据界中获取一个数据集，并将其用于某项工作中在未来将是常态。其中的数据获取工作包括收集、清洁、整合、存储与管理等，数据服务包括对数据集进行数据分析、建立业务模型、辅助决策工作。

三、大数据

为什么叫大数据而不叫大信息？这是一个很难回答的问题，它涉及哲学和语言学，超出了一般人的理解能力，我们只能朴素地做一些解释。如"CPI 为 6.9"是数据，如果读懂了，就意味着获得了信息，即"经济处在高通胀状态"；如果没有读懂，就没有获得信息。就是说数据是放在那里的，对于读懂的人来说，数据就是信息，对于没有读懂的人来说，则只是数据不是信息。又如，随意键入一串字符"82 化吖或 7 辅鄂 9 戡日 2"就没有信息，但它是数据。另外，信息的大小难以衡量，但数据可以衡量大小。现在讲大数据而不是大信息，是指数据规模确实很大，但并不意味着信息量很大，有些非常大的数据集可能没有什么信息，即大数据里可能没有大信息。所谓大数据"低价值密度"的特点也说明了这一点。例如，人们用一台监控设备对着墙不停地录像，就会形成大量的数据，但这些数据没有什么有价值的信息。大数据是指为解决问题提供服务的大数据集、大数据技术和大数据应用的总称。

第二节　大数据的概念、特征、来源与类型

一、大数据的概念

"大数据"这个术语最早可以追溯到 Apache（Web 服务器软件）的开源项目 Nutch。Nutch 是一个开源 Java 实现的搜索引擎。当时，大数据用来描述为更新网络搜索引擎，需要进行批量处理或分析大量数据集。

对于"大数据"，美国的信息技术研究分析公司高德纳给出了这样的定义：大数据是需要新处理模式才能具有更强的决策力、洞察力和流程优化能力的海量、高增长率和多样化的信息资产。

麦肯锡全球研究院给出的定义是：一种规模大到在获取、存储、管理、分析方面大大超出了传统数据库软件工具能力范围的数据集合，它具有数据规模大、流转速度快、数据类型多样和价值密度低四大特征。

大数据技术的战略意义不在于掌握庞大的数据信息，而在于对这些含有意义的数据进行专业化处理。换言之，如果把大数据比作一种产业，那么这种产业实现盈利的关键之处在于提高对数据的"加工能力"，通过"加工"实现数据的"增值"。

从技术上看，大数据与云计算的关系就像一枚硬币的正反面。对大数据必然无法用单台的计算机进行处理，而必须采用分布式架构。分布式架构的特色在于对海量数据进行分布式数据挖掘，但它又必须依托一些现有的数据处理方法，如云式处理、分布式数据库、云存储与虚拟化技术等。

随着云时代的来临，大数据也引起了越来越多的关注。《著云台》分析师团队认为，大数据通常用来形容一个公司创造的大量非结构化数据和半结构化数据，将这些数据下载到关系型数据库中用于分析时会花费很多时间和金钱。大数据分析常和云计算联系在一起，因为要进行实时的大型数据集分析，需要有像 MapReduce（一种编程模型，用于大规模数据集的并行运算，简称 MR）一样的框架来向数十、数百甚至数千的电脑分配工作。

二、大数据的特征

当前，较为统一的认识是大数据有四个基本特征：数据量大（volume），数据类型多（variety），数据处理速度快（velocity），数据价值密度低（value），即所谓的"4V"特性。这些特性使得大数据有别于传统的数据概念。大数据的概念与"海量数据"不同，后者只强调数据的量，而大数据不仅用来描述大量的数据，而且更进一步指出数据的复杂形式、数据的快速时间特性以及对数据进行专业化处理以最终获得有价值信息的能力。

（一）数据量大

大数据聚合在一起的数据量是非常大的，根据互联网数据中心的定义，至少要有超过 100 TB 的可供分析的数据才能被称为大数据，数据量大是大数据的基本属性。导致数据规模激增的原因有以下几点。

首先是随着互联网的广泛应用，使用网络的人、企业、机构增多，数据的获取、分享变得相对容易。以前，只有少量的机构可以通过调查、取样的方法获取数据，同时发布数据的机构也很有限，人们难以在短期内获取大量的数据。而现在，用户可以通过网络非常方便地获取数据，同时用户通过有意地分享和无意地点击、浏览都可以快速地提供大量数据。

其次是随着各种传感器的数据获取能力大幅提高，人们获取的数据越来越接近原始事物本身，描述同一事物的数据激增。早期的单位化数据，对原始事物进行了一定程度的抽象，数据维度低，数据类型简单，多采用表格的形式来收集、存储、整理，数据的单位、量纲和意义基本统一，存储、处理的只是数值而已，因此数据量有限，增长速度慢。而随着数据应用的发展，数据维度越来越高，描述相同事物所需的数据量越来越大。以当前最为普遍的网络数据为例，早期，网络上的数据以文本和一维的音频为主，维度低，单位数据量小。近年来，图像、视频等二维数据大规模涌现，而随着三维扫描设备以及 Kinect 等动作捕捉设备的普及，数据越来越接近真实的世界，数据的描述能力不断增强，数据量本身必将以几何级数增长。

最后，数据量大还体现在人们处理数据的方法和理念发生了根本改变。早期，人们对事物的认知受限于获取、分析数据的能力，人们一直利用采样的方法，以少量的数据来近似地描述事物的全貌，样本的数量可以根据获取、处理数据的能力来设定。不管事物多么复杂，只要通过采样得到部分样本，使数据规模变小，就可以利用当时的技术手段来进行数据管理和分析。如何通过正确的采样方法以最小的数据量尽可能分析整体属性成了当时的重要问题。随着技术的发展，虽然样本数目逐渐逼近原始的总体数据，但在某些特定的应用领域，采样数据可能因不能描述整个事物而丢掉大量重要细节，甚至可能使人们得到完全相反的结论。因此，当今有直接处理所有数据而不是只考虑采样数据的趋势。使用所有数据可以带来更高的精确度，从更多的细节来解释事物属性，同时也必然使得要处理的数据量显著增多。

（二）数据类型多

数据类型繁多、数据复杂多变是大数据的重要特性。以往的数据尽管数量庞大，但通常是事先定义好的结构化数据。结构化数据是将事物向便于人类和计算机存储、处理、查询的方向进行抽象的结果。在抽象的过程中，忽略一些在特定的应用下可以不用考虑的细节，而抽取了有用的信息。处理此类结构化数据，只需事先分析好数据的意义以及数据间的相关属性，构造表结构来表示数据的属性。数据都以表格的形式保存在数据库中，数据格式统一，以后不管再产生多少数据，只需根据其属性，将数据存储在合适的位置上，都可以方便地处理、查询，一般不需要为新增的数据显著地更改数据聚集、处理、查询的方法，限制数据处理能力的只是运算速度和存储空间。这种关注结构化信息，强调大众化、标准化的属性使得处理传统数据的复杂程度呈线性增长，新增的数据可以通过常规的技术手段处理。

而随着互联网与传感器的飞速发展，非结构化数据大量涌现，非结构化数据没有统一的结构属性，难以用表结构来表示，在记录数据数值的同时还需要存储数据的结构，这增加了数据存储、处理的难度。而时下在网络上流动着的数据大部分是非结构化数据，人们上网不只是看看新闻，发送文字邮件，还会上传和下载照片、视频，发表微博等。同时，存在于工作、生活中各个角落的传感器也不断地产生各种半结构化、非结构化数据，这些结构复杂、种类多样，同时规模又很大的半结构化、非结构化数据逐渐成为主流数据。非结构化数据量已占数据总量的 75%以上，且非结构化数据的增长速度比结构化数据快 10

到 50 倍。在数据激增的同时，新的数据类型层出不穷，已经很难用一种或几种规定的模式来表现日趋复杂、多样的数据形式，这样的数据已经不能用传统的数据库表格来整齐地排列、表示。

大数据正是在这样的背景下产生的，大数据与传统数据处理的最大不同之处就是是否重点关注非结构化信息，大数据关注包含大量细节信息的非结构化数据，强调小众化、体验化的特性使得传统的数据处理方式面临巨大的挑战。

（三）数据处理速度快

快速处理数据，是大数据处理技术区别于传统海量数据处理技术的重要特性之一。随着各种传感器和互联网络等获取、传播信息技术的飞速发展与普及，数据的产生、发布越来越容易，产生数据的途径增多，个人甚至成了数据产生的主体之一。数据呈爆炸的形式快速增长，新数据不断涌现，快速增长的数据量要求数据处理的速度也应相应地提升，以使大量的数据得到有效的利用，否则不断激增的数据不但不能为解决问题带来便利，反而会成为快速解决问题的负担。同时，数据不是静止不动的，而是在互联网络中不断流动的，且通常这样的数据的价值是随着时间的推移而迅速降低的。如果数据尚未得到有效的处理，就会失去价值，大量的数据就没有意义了。

此外，许多应用要求能够实时处理新增的大量数据，比如大量在线交互的电子商务应用就具有很强的时效性。大数据以数据流的形式产生，快速流动，迅速消失，且数据流量通常是不稳定的，会在某些特定时段内突然激增，数据的涌现特征明显。而用户对于数据的响应时间通常非常敏感，心理学实验证实，从用户体验的角度看，瞬间（3 秒钟）是可以容忍的最大极限。对于大数据应用而言，很多情况下都必须要在 1 秒钟或者瞬间内形成结果，否则处理结果就是过时和无效的。这种情况下，大数据就要快速、持续地实时处理。对不断激增的海量数据的实时处理要求，是大数据处理技术与传统海量数据处理技术的关键差别之一。

（四）数据价值密度低

数据价值密度低是大数据关注的非结构化数据的重要属性。传统的结构化数据，依据特定的应用，对事物进行了相应的抽象，每一条数据都包含该应用需要考量的信息；而大数据为了获取事物的全部细节，不对事物进行抽象、归纳等处理，直接采用原始的数据，保留了数据的原貌，且通常不对数据进行采样，直接采用全体数据。减少采样和抽象，呈现所有数据和全部细节信息，有助于分析更多的信息，但也引入了大量没有意义的信息，甚至是错误的信息，因此相对于特定的应用，大数据关注的非结构化数据的价值密度偏低。

以当前广泛应用的监控视频为例，在连续不间断的监控过程中，大量的视频数据被存储下来，对于某一特定的应用，许多数据可能无用，比如获取犯罪嫌疑人的体貌特征，有效的视频数据可能只有一两秒，大量不相关的视频信息增加了获取这有效的一两秒数据的难度。而大数据的数据密度低是指对于特定的应用，有效的信息相对于数据整体是偏少的，信息有效与否也是相对的，对于某些应用无效的信息，对于另外一些应用则成为最关键的信息。数据的价值也是相对的，有时一个微不足道的细节数据就可能造成巨大的影响，比如网络中的一条几十个字符的微博，就可能通过转发而快速扩散，导致相关信息大量涌现，其价值不可估量。因此，为了保证对于新产生的应用有足够的有效信息，通常需要保存所有数据。这样做，一方面使得数据的绝对数量激增；另一方面，使得数据包含的有效信息量的比例不断下降，数据价值密度降低。

从 4V 角度可以很好地看到传统数据与大数据的区别，如表 1-1 所示。

表 1-1　传统数据与大数据的区别

属性	传统数据	大数据
数据体量	GB，TB	TB，PB 及以上
处理速度	数据量相对稳定，增长不快	持续、实时产生数据，增长量大
数据类型	以结构化数据为主，数据源不多	结构化、半结构化、音频视频、多维多源数据
价值密度	统计和报表	数据挖掘、分析预测、决策

三、大数据的来源与类型

大数据的数据可以来自泛互联网、物联网、行业或企业。泛互联网的数据主要由门户网站、电子商务网站、视频网站、博客系统、微博系统等产生的数据构成。这些数据总量一般在 PB 级到 EB 级之间，数据量庞大。物联网的数据主要由具有信息采集功能的电子设备产生的数据构成，如摄像头、刷卡设备、传感设备、遥感设备等，这些设备产生的数据价值密度低，但其数据量更庞大，通常是在 EB 级，如何存储和处理这些数据是大数据面临的挑战。行业或企业的数据主要是管理信息系统产生的数据，常用的管理信息系统包括企业资源计划（enterprise resource planning, ERP）系统、客户关系管理（customer relationship management, CRM）系统、办公自动化（office automation, OA）系统和运营系统等，数据总量一般在 GB 级和 TB 级之间。

大数据的数据类型主要有非结构化数据、半结构化数据、结构化数据三种。非结构化数据由图片、文字、音频、视频、日志和网页等内容构成，以文件为单位存储，非结构化数据是存储在分布式文件系统中的。半结构化数据由位置、视频、温度等内容构成，以数据流的形式进入处理系统，处理后也以文件为单位存储；半结构化数据同样也是存储在分布式文件系统中的。结构化数据的内容可以是任何事和物的记录信息，以表格的形式存在，结构化数据一般存储在分布式数据库系统中。对于不同类型的数据，通常可以采用分布式文件或分布式数据库进行存储。对于内容构成不同的数据类型，其应用算法也会有所不同。

第三节 大数据的发展及前景

一、大数据的起源及发展

大数据作为一个专有名词迅速成为全球的热点，主要是因为近年来互联网、云计算、移动通信和物联网迅猛发展。无所不在的移动设备、无线传感器、智能设备和科学仪器每分每秒都在产生数据，面向数以亿计的用户的互联网服务时时刻刻都在产生大量的交互数据。要处理的数据量实在是太大，数据增长速度实在太快，而业务需求和竞争压力对数据处理的实时性、有效性又提出了更高的要求，传统的常规技术手段根本无法应付。

从 2009 年开始，大数据逐渐成为互联网信息技术行业的关注热点。2011年 5 月，麦肯锡全球研究院发布了题为《大数据：创新、竞争和生产力的下一个前沿领域》的报告，正式提出了"大数据"这个概念。该报告描述了已经进入每个部门和经济领域的数字型数据的状态和其成长中的角色，并提出充分的证据表明大数据能显著地为国民经济做出贡献，为整个世界经济创造实质性的价值。

该报告通过深入研究五个领域来观察大数据是如何创造出价值的，并研究了大数据的变革潜力。这五个领域包括美国医疗卫生、欧洲联合公共部门管理、美国零售业、全球制造业和个人地理位置信息。这五个领域不仅代表了全球经济的核心领域，也说明了一系列区域性的观点。通过对这五个领域的详细分析，该报告提出了五个可以利用大数据的变革潜力创造有价值的、广泛适用的方法，具体如下。

①创造透明度，让相关人员更容易地及时获得大数据，以此来创造巨大的价值。

②通过实验来发现需求、呈现可变性和增强绩效。越来越多的公司在以数

字化的形式收集和存储大量非常详细的商业交易数据。因为这样不仅可以访问这些数据，有时还可以控制数据生成的条件，所以最终的决策可能会截然不同。这其实就是将更加科学的方法引入管理中，特别是决策者可以设计和实施实验，经过严格的定量分析后再做出决策。

③细分人群，采取灵活的行动。利用大数据，可以创建精细的分段，精简服务流程，更精确地满足顾客的需求。这种方法在市场管理和风险管理方面比较常见，像公共部门管理这样的领域也可以借鉴。

④用自动算法代替或帮助人工决策。精密的分析算法能够实质性地优化决策方案，减少风险，挖掘有价值的观点，而大数据能提供用于开发精密分析算法或算法需要操作的原始数据。

⑤创新商业模式、产品和服务。因为有了大数据，所以所有类型的企业都可以创新产品和服务，改善现有的产品和服务，并开发全新的商业模式。

这份报告在互联网上引起了强烈的反响。报告发布后，"大数据"迅速成为计算机行业的热门概念。在此之后，包括国际商业机器公司（IBM）、微软（Microsoft）、美国易安信公司（EMC）等在内的国际 IT 巨头公司纷纷通过收购大数据相关的厂商来实现技术整合，积极部署大数据战略。2011 年 5 月，EMC 举办了主题为"云计算相遇大数据"的全球会议，IBM 则发布了两款大数据分析软件，将 Hadoop 开源平台与 IBM 系统整合起来。2011 年 7 月至 8 月，雅虎（Yahoo）、EMC 及 Microsoft 先后推出了基于 Hadoop 的大数据处理产品。

2012 年 1 月，大数据成为瑞士达沃斯全球经济论坛的主题，论坛发布了一份题为《大数据，大影响》的报告，宣称数据已经成为一种新的经济资产类别，就像货币或黄金一样。

2012 年 3 月，美国政府宣布投资 2 亿美元用于大数据领域，并把大数据定义为"未来的新石油"。白宫科技政策办公室在 2012 年 3 月发布"大数据研究和发展计划"，并组建"大数据高级指导小组"。此举标志着美国把如何应对大数据技术革命带来的机遇和挑战，提高到国家战略层面，形成全体动员格局。随后在全球掀起了一股大数据的热潮。

2012 年 7 月，联合国"全球脉动计划"发布了《大数据促发展：挑战和机遇》的白皮书。该计划旨在通过对互联网实时数据的分析，更及时地了解人们所面临的困难和挑战，并提出改善这些境况的决策，为宏观经济的发展决策提供支持。

2012 年 10 月，中国通信学会大数据专家委员会在北京成立，委员会的宗旨包括三个方面：探讨大数据的核心科学与技术问题，推动大数据学科的建设与发展；构建面向大数据产学研用的学术交流、技术合作与数据共享平台；为相关政府部门提供大数据研究与应用的战略性意见与建议。委员会还成立了五个工作组，分别负责大数据相关的会议（学术会议、技术会议）组织、学术交流、产学研用合作、开源社区与大数据共享联盟等方面的工作。这标志着大数据在我国信息技术领域的地位得到确立。

近几年来，多个领域已经能分别处理结构化数据、半结构化数据和非结构化数据。但是产业的应用落后于科研的发展。其关键问题在于，尽管数据很多，但是缺乏个性化定制服务，而应用需要结合需求去定制。未来 30 年，大数据驱动下的个性化定制服务将越来越成熟，随着第五代移动通信技术（5th generation mobile communication technology, 5G），甚至是第六代移动通信技术（6th generation mobile networks, 6G）的发展，数据传输不会构成性能瓶颈。但是人类需要的不仅仅是大数据的简单查询功能，更多的是利用大数据提供服务。

二、大数据的机遇与挑战

（一）大数据的机遇

对当今企业而言，大数据既是绝佳的商机，又是巨大的挑战。当今企业的高速发展及数字世界所创造的海量数据，要求采用新方法从数据中提取价值。

在结构化和非结构化数据流背后，隐藏着一些问题的答案。但是，一些企业甚至都没有考虑过这些问题，或者是受技术限制尚未能提出这些问题。大数据迫使企业寻找接近数据的新方式并一一找出其中蕴藏着的内容以及对其加以利用的方式。存储、网络和计算技术领域的最新发展使得企业能经济、高效地利用大数据并使其成为业务优势的有力来源。

弗雷斯特研究公司计，企业仅能有效利用不到 5% 的可用数据，这是因为要处理其余数据的代价比较大。大数据处理的技术和方法是一项重要进步，因为它们使得企业能经济高效地处理被忽视的那 95% 的数据。在相同的时间内，企业处理的数据越多就越有优势，企业若能发掘大数据的价值来改善战略并提升执行能力，也就代表它们正在拉开与竞争者的距离。

如果使用正确，大数据可以带来洞察时机的机会，从而有助于制定、完善业务计划，帮助企业发现运营路障，简化供应链，更好地理解客户，开发新的产品、服务和业务模式。尽管企业对大数据的有用性有了清晰的认识，但通往大数据应用的道路仍不明朗。成功利用大数据洞察时机要求在成熟技术、新式工作人员技能和领导力重心方面具有实际投入。

企业嗅到了大数据蕴藏的商业价值，并清楚地认识到必须加快将大数据转化为超越传统意义的商业智能产品的步伐，方法就是在每个决策的核心层中应用数据分析。

以消费品生产和零售业为例，从 20 世纪 70 年代到 80 年代早期，包装消费品生产商和零售商在经营业务时会参考 AC 尼尔森报告。这些报告提供了竞争对手和市场的数据（如收入、销售量、平均价格和市场份额等），生产商借此来确定销售、营销、广告和促销等方面的战略，以及与渠道合作伙伴（如分销商、批发商和零售商）相关的开支计划。到 20 世纪 80 年代中期，信息资源公司推行在零售地点安装免费的销售点情报管理系统，俗称"POS 机"，以交换其中的销售数据。零售商愉快地接受了这样的交换，因为劳动力是其最大成本构成，而且那时零售商对 POS 机数据的价值认识很有限。这种在当时被视为大数据的 POS 机数据改变了游戏规则、业务经营方式，行业内（在生产商和销售商之间）的权力也发生了转变。数据量从 MB 级上升到 TB 级，催生了新一代存储和服务器平台，以及各种分析工具。

沃尔玛等前沿公司利用这种新的大数据和新的分析平台与工具获得了竞争优势。这些公司率先开发了新类别的大数据、分析驱动型业务应用程序，以一种具有成本效益的方式解决了之前不能如此解决的业务问题，例如基于需求的预测、供应链优化、交易支出有效性分析、市场购物篮分析、分类管理和商品阵列优化、价格/收益优化、商品减价管理、客户忠诚度计划等。30 年后，一切似乎又回到了从前。对新的、低延迟的、多样化的数据源（大数据）的开发具有改变企业和行业运营方式的潜力。这些新的数据源来自一系列设备、客户交互活动，能揭示企业和行业价值链的运行规律。随着这些更详细的新数据源的出现，各大企业又发现了以前未察觉的商机，引发了创造新业务应用程序的热潮。然而，要实现这一切，还需要新的平台和工具。

数据需要一种可以让业务和技术都获得竞争优势的新型分析平台。新平台对海量数据集具有更高级别的处理能力，不仅能让企业不断地对大数据内蕴藏的可操作性提出深刻见解，还能实现与用户网络环境的无缝集成（无位置限制）。这种新的分析平台能够让企业对海量数据和改进业务决策进行前瞻式的分析，让企业从回顾性报告的旧方式中解脱出来。

（二）大数据面临的挑战

虽然大数据挖掘提供了许多诱人的机会，然而研究者和专家却在关注探索大数据集，以及从这些信息矿山中提取价值和知识时面临的诸多挑战。不同层次的挑战包括数据捕获、存储、搜索、共享、分析、管理和可视化。另外，在分布式数据驱动的应用中还存在安全和隐私问题，通常海量的信息和分布式的信息流超出了我们的驾驭能力。事实上，大数据的规模不断地呈指数式增长，而当前处理与研究大数据的技术能力处于较低的 PB 和 EP 水平。

1.大数据管理

数据科学家正在面对处理大数据时的许多挑战。其中一个挑战是如何以较少的所需的软/硬件资源采集、集成和存储来自分布源的大数据集；另一个挑战是大数据管理，即如何有效地管理大数据以便提取数据中的内容。事实上，良好的数据管理是大数据分析的基础，大数据管理意味着为了可靠性而进行的数据清洗，对来自不同信息源的数据进行聚合，以及为了安全和隐私所进行的编码。换言之，大数据管理的目的是确保数据易于访问，可进行数据管理等。

2.大数据清洗

对数据进行清洗、聚合、编码、存储和访问，这五个方面不是大数据的新技术，而是传统的数据管理技术。大数据中面临的挑战是如何应对大数据的快速、大容量、多样性的自然特质，以及在分布式环境中的混合应用处理。事实上，为了获得可靠的数据分析结果，在利用资源前对资源的可靠性和数据的质量进行证实是必不可少的环节。然而数据源可能包含噪声或不完整数据，因此如何清洗如此巨量的数据集以及如何确定数据是否可靠和有用都是大数据所面临的挑战。

3.大数据聚合

外部数据源和大数据平台拥有的组织内部基础设施（包括数据仓库、传感器、网络等）间的同步问题也是大数据面临的一个挑战。通常情况下，仅仅分析内部系统中产生的数据是不够的，为了提取有价值的内涵和知识，将外部数据与内部数据源聚合在一起是重要的一步。外部数据包括第三方数据源，例如，市场波动信息、交通条件、社会网络数据、顾客评论与公民反馈等，这些将有助于优化分析所用的预测模型。

4.不平衡系统的容量

这个问题与计算机架构和容量有关。众所周知，中央处理器（CPU）性能按照摩尔定律每 18 个月翻一番，磁盘驱动器的性能也以同样的速度翻一番。然而，输入/输出（I/O）操作却不遵守这样的性能模式（即随机 I/O 速度已适度提高，而顺序 I/O 速度随密度的增加而缓慢降低）。因此，这个不平衡系统的容量可能降低访问数据的速度并影响大数据应用的性能和弹性。从另一个角度来看，我们可以关注传感器、磁盘、存储器等设备的容量，它们均可能降低系统的性能。

5.大数据的不平衡

对不平衡数据集进行分类也是一个挑战。事实上，大数据实际应用可能产生不同的类别。第一类别是具有忽略事例数目的不充分性的类别，称为少数或阳性类；第二类别是具有丰富事例的类别，称为多数或阴性类，在医疗诊断、软件缺陷检测、金融、药品发现或生物信息等多个领域中识别少数类别是非常重要的。

经典学习技术不适用于不平衡数据集，这是因为模型的构建是基于全局搜索度量的，而没有考虑事例的数量。全局规则通常享有特权而不是特定规则，在建模时忽略了少数类。因此，标准学习技术没有考虑属于不同类的样本数目间的差异。然而，代表性不充分的类可能构建了对重要事例的识别。

在实际中，许多问题具有两个以上不平衡分布的域，这些多类不平衡问题产生的新挑战是不能在两类问题中被发现的。事实上，处理具有不同误分类代价的多类任务比处理两类任务要难。为了解决这个问题，技术人员已研究出不同的方法，并将其分为两类：第一类是将某个二元分类技术进行扩展，使其可应用于多类分类问题。第二类称为分解与集成方法，它首先将多类分类问题进行分解，进而将其转变为由二元分类器解决的二元分类问题，然后在此分类器的预测上应用聚合策略分类新的发现。

6.大数据分析

大数据给各行各业带来巨大机遇和变革潜力，也对利用如此大规模增长的数据容量带来了前所未有的挑战。先进的数据分析要求理解特征与数据间的关系，例如，数据分析使得组织能够提取有价值的内涵以及监视可能对业务产生积极或消极影响的商业伙伴。其他数据驱动的应用也需要实时分析，如航行、社会网络、金融、生物医学、天文、智慧交通系统等。所以，先进的算法和高效的数据挖掘方法需要得到精确的结果，以此监测多个领域的变化并预测未来。可是，大数据分析依然面临着多种挑战，包括要符合大数据复杂性、收缩性的特点，以及对如此巨量的异构数据集要具有实时响应的性能分析能力。

当前，出现了许多不同的大数据分析技术，包括数据挖掘、可视化、统计分析以及机器学习。许多大数据研究通过提高既有的技术，提出新的分析技术，同时又通过测试组合不同的算法和技术来解决该领域的问题。因此，大数据推动了系统结构的发展，同时也推动了软/硬件的发展。然而，我们还需要推动技术的进步以应对大数据的挑战。

三、大数据的变革

（一）基于内存处理的架构

大数据技术的核心是采用分布式技术、并行技术，将数据化整为零，分散处理，而不是依赖单一强大的硬件设备来集中处理。例如，Hadoop 就是基于廉价的个人计算机而构建起来的支持大数据分布式并行存储的平台。而目前，以加利福尼亚大学伯克利分校为首的学院派却提出了更为先进的大数据技术解决方案。加利福尼亚大学伯克利分校开发的 Spark 平台比 Hadoop 的处理性能高 100 倍，算法实现也要简单很多。同样都是基于 MapReduce 框架，Spark 为何能够比 Hadoop 效率高近百倍？问题的关键在于 Spark 特有的内存使用策略，即所有的中间结果都尽量使用内存进行存储，避免了费时的中间结果写盘操作。Spark 已经成为 Apache 孵化项目，并得到了包括 IBM、Yahoo 在内的互联网大公司的支持，这说明该策略正逐渐被业界人士所认同。而加利福尼亚大学伯克利分校提出的 Tachyon 项目更是将内存至上理论发挥到了极致。Tachyon 是一个高容错的分布式文件系统，允许文件以内存的速度在集群框架中进行可靠的共享。Tachyon 工作集文件缓存在内存中，并且让不同的 Jobs/Queries 以及框架都能以内存的速度来访问缓存文件。因此，Tachyon 可以减少需要通过访问磁盘来获得数据集的次数。

通过最大化地利用内存，能够将传统系统中磁盘 I/O 导致的性能损耗全部屏蔽，因此系统的性能提升上百倍是有极大可能性的。但人们在将内存作为主数据存储时，总会面临以下两个问题。

（1）如何满足存储量的需求

目前，随着硬件技术的发展，高容量内存的制造成本大大降低，即使在家庭电脑上也可以轻易读取到 8 GB、16 GB 乃至 128 GB 内存。可以预言，在不久的未来，TB 级的内存将被普及，那时数据内存的存储量也许将不再是一个问题。

（2）内存数据如何持久化

在断电或突发状况下，内存数据将会丢失，这是人们不愿意使用内存作为主数据存储的主要原因之一。从单机角度来看，内存存储数据确实存在极大的风险，解决该问题可以从两个角度考虑。

首先，要明确数据持久化的含义到底是什么。传统的思路认为，数据持久化就是将数据放置到硬盘等介质中。但就持久化的本意而言，数据如果能够随时被读出，保证不丢失，我们就可以称之为数据持久化。因此，当系统从单机架构转为分布式架构时，可以认为只要保证在任何时间集群中至少有一份正确数据可以被读取，则系统就是持久化的。例如 Hadoop 的多数据备份，就是大数据技术下持久化概念的体现。所以，在大数据时代，可以通过分布式多份存储的方式保证数据的完整性和可靠性。

其次，随着固态硬盘驱动器（SSD）的全面普及，内存加 SSD 的硬件架构体系将应用得越来越普遍。充分利用内存进行快速读写，同时使用顺序写的方式在 SSD 中进行操作记录，保证机器恢复时能够通过日志实现数据重现，也是实现内存数据持久化的一种有效方式。

综上所述，随着硬件的发展以及分布式系统架构的普及，如何更好地利用内存，提高计算效率，将是大数据技术发展中的重要问题。

（二）实时计算将蓬勃发展

大数据问题的爆发催生了像 Hadoop 这样的大规模存储和处理系统，以及其在世界范围内的普及与应用，然而这类平台只是解决了基本的大数据存储和海量数据离线处理的问题。随着数据的不断增多，以及各行业对数据所隐藏的巨大潜力的不断认知和发掘，人们对大数据处理的时效性需求将不断增加。在当今快速发展的信息世界里，企业的生死存亡取决于其分析数据并据此做出清晰而明智决策的能力。随着决策周期的持续缩短，许多企业无法等待缓慢的分析结果。

比如，在线社交网站需要实时统计用户的连接、发帖等信息；零售企业需要在几秒钟而不是几个小时之内根据客户数据制定促销计划；金融服务企业需要在几分钟而不是几天内完成在线交易的风险分析。未来的大数据技术必须为实时应用和服务提供高速和连续的数据分析和处理。

（三）大数据交互方式移动化、泛在化

随着大数据后台处理能力和时效性的不断提高，以及各行业数据的全面采集和深度融合，数据的多维度、全方位的分析和展示将形成。而飞速发展的移动互联网，尤其是得到普及的移动终端和 4G 技术，能够在功能上将数据的展示交互与后台处理有效地分离，但同时又能将它们通过移动网络高效地联结起来。当今正在崛起的可穿戴设备和技术能够随时随地感知或采集我们周围的环境信息及与我们自身有关的数据，并将它们与云端的存储和处理相结合，以提供实时的工作、生活、休闲、娱乐、医疗健康等各方面的数据交互服务。可以预见，未来大数据的采集、展现和交互必将朝着移动化、即时化、泛在化的方向发展。

四、大数据的发展前景

大数据由于其本身附带或隐含特殊的价值,被类比为新时代的石油、黄金,甚至被视为"一种与资本与劳动力并列的新经济元素"。也就是说,大数据不仅在生产过程中形成产品、在产生价值的环节中发挥重要的作用,而且其本身更是产品生产中不可或缺的元素,也是最终产品中不可分割的一部分。

有关报告指出大数据将在以下三个方面发挥巨大的作用。

(一)大数据为新一代信息技术产业提供核心支撑

大数据问题的爆发以及大数据概念在全球的普及,是现代信息技术发展的必经阶段。互联网以及移动网络的飞速发展使得网络基础设施无所不在,网络带宽也在不断拓展。而云计算、物联网等新兴信息技术则使得世界上每时每刻都在以前所未有的速度产生新数据。大数据是信息技术和社会发展的产物,而大数据问题的解决又会促进云计算、物联网等新兴信息技术的真正落地和应用。大数据正成为未来新一代信息技术融合应用的核心,为云计算、物联网等各项新一代信息技术相关的应用提供坚实的支撑。

(二)大数据正成为社会发展和经济增长的高速引擎

大数据蕴含着巨大的社会、经济和商业价值。大数据市场的井喷会催生一大批面向大数据市场的新模式、新技术、新产品和新服务,进而促进信息产业的加速发展。同时大数据影响着我们工作、生活和学习的方方面面,大到国家发展战略、区域经济发展以及企业运营决策,小到个人每天的生活。

从国家发展战略层面上来说,大数据对于全球经济、国计民生、政策法规等方面都至关重要。在区域规划及城市发展方面,大数据在我国正在大力建设的"智慧城市"中将扮演着不可或缺的角色。智慧城市的本质是将各行各业的数据关联打通,从中分析挖掘出模式和智能,从而形成城市的智慧联动。而其中从数据的采集到数据的分析挖掘，以及形成智能决策的每个过程，都离不开大数据的支撑。智慧城市的建设，将有力地改进社会管理模式，改进民生，发展生产，形成一系列有地方特色、有清晰运营模式的新一代智能行业应用。

在企业发展方面，大数据将助力企业深度挖掘和利用数据中的价值，完成智能决策，在企业运营中提高效率，节省成本；在市场竞争中制定正确的市场战略，把握市场先机，规避市场风险；在市场营销中全面掌握用户需求，进行精准营销和提供个性化服务。企业的决策正在从"应用驱动"转向"数据驱动"。能够有效利用大数据并将其转化为生产力的企业，将具备核心竞争力，成为行业领导者。

在个人生活方面，大数据已经深入与我们生活息息相关的各个领域，如在休闲娱乐、教育、健康等领域，都能见到大数据的应用。智能终端的普及更是让大数据近在咫尺，比如我们每天发布微博、更新动态，用微信和朋友聊天，参与线上课程，戴上健康监控手环监测心跳及睡眠的状况等，这些都离不开大数据平台对数据存储、交互和分析的支撑。

（三）大数据将成为科技创新的新动力

各行业对大数据的实际需求能够孵化和衍生出一大批新技术和新产品，来解决大数据面临的问题，促进科技创新。同时，对数据的深度利用，将帮助各行业从数据中挖掘出潜在的应用需求、商业模式、管理模式和服务模式，这些模式的应用将成为开发新产品和新服务的驱动力。云计算及大数据平台的建设和发展，也为科技创新提供了极大的便利条件。比如新型大数据应用的开发，由于大数据的存储、分析都有相应的提供商和接口，开发者只需将精力集中在应用模式和界面上即可，这将大大降低开发难度，节省开发成本，缩短开发周期。各国政府及行业也在积极推动开放数据。实践证明，开放数据能够使公共数据更加有效地得到利用，能够促进数据交叉融合，也将催生新的创新点。

第四节　数据资源

一、数据资源概述

（一）数据资源的形成

随着经济的发展，我们会发现我们的生活已经处处信息化，那么，什么是信息化呢？信息化就是指将我们过去手工做的事情转换成计算机来做，并且会准确很多、方便很多、高效很多；信息化还将现实的事物通过摄像头、录音笔、传感器等采集到计算机中。透过信息化给人类带来好处的现象可知，所有信息化的结果是在计算机系统中形成了很多数据，所以人们不断地购买存储系统，购买硬盘、光盘、U 盘，不断地做备份，不断地确保信息安全，目的就是保存好信息化的成果，保存好我们的工作成果，保存好我们值得纪念的东西。因此，从网络空间的视角来看，信息化的本质是生产数据的过程。早期的数据主要通过键盘录入，所以基本上都是字符数据；自 20 世纪 90 年代开始，多媒体设备、数字化设备大量出现（如音频、视频设备等），数据生产方式变得多样化，生产数据的速度飞快，远远超过了 IT 发展的速度，这也为今天的大数据做好了铺垫。进入 21 世纪，各种感知大自然的设备广泛应用（如温湿度传感器、天文望远镜、对地观测卫星等），更多的数据来自对宇宙空间、自然界的感知。另外一大类数据的生产来自网络空间自身（如计算机病毒的传播、数据的大量备份等）。国家、机构、企业的数据积累已经越来越大，逐步形成数据资源，因此数据资源是数据积累到一定规模后所形成的。

（二）数据矿床

有研究、开发和利用价值的数据集称为数据矿床。开发价值高且易于开发的数据矿床，称为数据富矿；开发价值低且不易于开发的数据矿床，称为数据贫矿。

确定一个数据矿床要考虑下列基本要素：第一，有价值的数据规律在待开发的数据中所占的比例，这个比值要达到最低可开发品位，不同数据规律的可开发品位是不同的。第二，数据总体的分布特性和数据集的逻辑结构，包括数据分布清晰程度和数据逻辑结构中是否有难以处理的数据类型（如非结构化数据类型）。第三，数据集规模的大小。数据集的规模通常决定了该数据资源开发所需要的投入，包括大型存储设备、大型计算机以及相应的机房等外围设备的投入。第四，数据质量的好坏。数据质量的好坏将直接决定是否能够开发出价值。高质量的数据应该是准确的、一致的、完整的和及时可用的数据。如果一个数据矿床的数据质量不好，将给数据开采带来很大困难。对于数据拥有者来说，在形成数据资源的过程中，严格进行数据质量管控，就能够形成数据质量高的数据矿床，提高拥有的数据资产。数据质量管理是指对数据生产、存储、流通过程中可能引发的各类数据质量问题，进行识别、度量、监控、预警等一系列管理活动，并通过改善和提高组织的管理水平使数据质量获得进一步提高。第五，从数据集中获得有价值的数据规律的全部费用。

（三）数据资源的战略性

现今的社会是运转在网络空间上的。社会运转依赖数据进行并生产新的数据，人类行为以数据的形式记录在网络空间中。因此，数据资源是一种重要的现代战略资源，其重要程度愈发凸显，在 21 世纪将超过石油、煤炭、矿产等天然资源，成为最重要的人类资源之一。对网络空间数据资源的占领、开发和利用将是未来国家政治的战略竞争之所在。"斯诺登事件"表明网络空间中的国家、政治、军事都将面临变革，网络数据武器的威力将远超核武器的威力，所谓的"货币战争"正是发生在网络空间中的战争。国民经济与社会信息化形成的数据资源非常大，包括地球海洋等自然数据资源、经济社会数据资源、网络行为数据资源等。这些数据资源的开发利用构成了当前的大数据热潮。

二、数据资源建设

大数据本质上是数据的交叉、方法的交叉、知识的交叉、各领域的交叉，大数据能带来新的科学研究方法、新的管理决策方法、新的经济增长方式、新的社会发展方式等。那么，是否还需要建设各种各样的数据资源？是否会形成新的数据孤岛、数据资源孤岛？是否建造一个全国统一的数据资源就可以了？由于数据生产和汇聚的方向主要是"业务→部门→法人机构→区域/行业领域→全国"，因此按照法人机构数据资源、区域数据资源、行业领域数据资源、全国数据资源的方向逐步建设数据资源是合理的，在实施时更强调逻辑的统一性，而不一定是物理的统一性，也有利于数据资源的管理和利用。

（一）面临的问题

实际上，数据资源建设投入大、周期长、效果显现慢，面临的困难有很多，主要存在下列问题：一是对数据资源的特性不了解，二是对数据资源的用途不了解，三是没有形成可开发的数据资源，四是法律法规缺失，五是没有合适的技术。

（二）数据权属

建设数据资源首先要解决数据的权属问题，即数据属于谁的问题。关于数据的权属，目前在法律上还是空白，能够参照的只有知识产权法和物权法。由于数据资源的独特性质，这些法律显然不适用于数据权属，所以应讨论一下数据权益归属的合理性。因为数据不是天然存在的，所以"数据应该属于数据的生产者"的说法比较合理。数据权属面临的问题主要有两个：一是当数据有多个生产主体时如何界定数据的权属；二是当生产的数据涉及国家秘密或公民隐私时如何界定数据的权属。

1.数据有多个生产主体

数据有多个生产主体是最常见的数据生产形式。例如，电子商务网站的购物行为数据是由购物者、电商、第三方支付平台等共同生产的，每个生产主体都应该分享数据的所有权，但目前只是平台享有了这个数据资产；银行的数据生产主体也是客户、银行，可能还有商家等，电信的数据是由通信用户和电信公司等共同生产的，由于银行、电信等大多为国有企业，所以还没有开始运营这些数据资产，各数据生产主体也还没有主张权利的诉求；医院的数据是由病人、医生和医院等共同生产的，目前病人对这些数据的诉求主要集中在数据的隐私保护方面。

上述这些数据的权属应该属于所有的数据生产者，在法律空白的情况下，可以协商解决数据资源所有权转移的问题或数据资源开发过程中所形成的利益分配问题。

2.数据涉及国家秘密或公民隐私

数据涉及国家秘密或公民隐私是数据资源建设面临的重大问题。在前面的例子中，电子病历的数据是由病人、医生及医院，可能还有软件平台共同生产的，情理上属于各个数据生产主体。很显然，医院并不能像电商平台那样开发使用这些数据，医院使用病历数据一般不涉及数据权益的主张问题，而涉及病人的隐私问题。又如，照片的权益属于拍照片的摄影师，但拍到人物时有肖像权问题，如果拍到国家机密则问题更严重。现实中，隐私和秘密是受法律保护的，但又不能说病历数据的生产是违法的。而有一些数据，当数据量达到了一定量级后才成为国家秘密，如某些机构采集个人身份证数据，采集的数量较少时影响不大，所以日常中被要求复印身份证，大家也能接受。但是，如果全国的个人身份证数据汇聚到一起，就会是一个重要的数据资源，就会成为国家秘密。因此，一般而言，数据应该属于数据的生产者，但涉及秘密和隐私时除外。一旦数据权属问题得以解决，数据共享和使用、数据资源管理与存放的问题就会迎刃而解。特别需要注意的是，作为一种资源，数据应该有相应的权益。数据权益是指数据的所有权和获益权，政府需要设立相应的法律来保护数据的所有者权益。鉴于数据资源是国家基础性资源，并且在广大民众参与生产的数据资源中，民众个体很难主张数据的权益，因此数据资源的国有化可能是解决这一问题的途径之一。

3.国有数据资源和市场数据资源

数据资源建设的重点是国有数据资源的建设。国有数据资源的权属问题相对比较容易处理。建设国有数据资源，开发国有数据资源，变"土地财政"为"数据财政"，大力发展数据产业，对建立数据强国意义重大。国有数据资源包括政务数据资源、公共数据资源、国有企业数据资源。政务数据资源主要存在于政府的电子政务系统中，是政府公务活动过程中生产数据时所形成的数据资源；公共数据资源是由政府财政资金支持而形成的各类数据资源，主要有教学科研、医疗健康、城市交通、环境气象等公共机构形成的数据资源；国有企业数据资源是指国有控股企业生产经营活动中所形成的数据资源，其带有市场数据的性质但不完全市场化，如电信、银行等国有企业形成的数据资源。在现行管理体制下，国有企事业单位等独立法人机构可以自行建设数据资源，而政府推动的数据资源建设则是领域数据资源和区域数据资源的建设。领域数据资源是指某领域的全国性数据资源，如医疗健康大数据资源、农业大数据资源、科学数据资源等。面对大数据跨界、跨领域的特点和数据需求，所谓领域数据资源应该包括本领域生产的数据、领域外部生产的数据和本领域大数据分析相关的数据。区域数据资源是指某个城市或者某个省的数据资源，如上海大数据资源、贵州大数据资源。区域大数据资源包含本区域的所有数据，比较符合大数据应用需求。

当前，在讨论数据资源时，主要是指信息化过程中积累的各种数据，这些数据绝大部分存储在运营系统或备份系统中，另有一些存储在所谓数据仓库中。但是，这些数据总体上来说不是"可用的"数据资源。实际上，数据资源的建设尚未有实质性的进展，还没有哪个领域或者哪个城市开始建设数据资源。国有数据资源建设关系到未来国家的数据实力，关系到数据强国建设，需要高度重视和积极推进。

市场数据是指各类非国有法人机构和个人通过采集、整理汇聚而成的数据资源，如电商平台积累的数据资源、互联网金融平台收集的数据资源、各类应用软件收集的数据资源等。从之前讨论的数据权属问题来看，大部分市场数据的权属是不清晰的，也缺少法律的支持。很多数据资源还存在侵犯公民隐私的问题，涉及国家机密。作为战略性、基础性的资源，数据资源国有化应该是大势所趋。

三、数据资源开发

随着技术进步和互联网的普及应用，不论是政府、组织、企业，还是个人都越来越有能力获得各种各样的数据。这些数据类型多样、来源多样，甚至超过早期大型企业自身的积累，形成各种各样的数据资源。在这种情况下，数据资源的开发就变成了一个社会需求，并形成了新兴战略产业——数据产业。

（一）数据开发的"5用"问题

大数据资源的开发，通常会遇到以下5个方面的问题，简称"5用"问题。第一，数据不够用。获取尽可能多的数据（决策素材），是一种直觉上的追求，即数据越多，对决策越有利，或者至少要比别人知道得更多，所以大数据应用的第一个问题是"数据不够用"。至于数据达到多少就够用了，应该说到目前为止还没有一个科学的界定。第二，数据不可用。在数据够用的情况下，还会遇到数据不可用问题。数据不可用是指拥有数据但访问不到。第三，数据不好用。面对足够的、可用的数据资源，下一个问题是数据不好用问题，即数据质量有问题。第四，数据不敢用。数据不敢用是指因为怕担责任而将本该用起来的数据束之高阁。在"谁拥有谁负责、谁管理谁负责"的体制下，很多单位数据资源之所以没有很好地开发利用，其中一个主要原因就是数据拥有部门因怕承担数据安全风险的责任，而不敢将数据用于非本部门业务。第五，数据不能用。数据不能用包括两个方面的内容：一方面是数据权属问题，即数据不属于使用者；另一方面是社会问题，即隐私、伦理等问题。

（二）数据流通

随着数据资源的价值被广泛认识，数据的价值被商业化，数据开放共享出现越来越难的趋势。在数据权属清晰的情况下，可以买卖交换数据而不是免费共享数据（当然，数据拥有者同意的情况下除外）。在确定数据权益的前提下，数据的运用就是有偿使用，需要花钱买数据。数据流通需要法律来界定数据的权属，需要政府来界定数据的类型（哪些是国家秘密、哪些是公民隐私）等，这样数据的流通才会有法可依。而作为个人，要明白"有行动就可能会产生数据"，所以当有些行为涉及隐私时，需要谨慎，就像大家都不会到处说"我家有多少钱"一样。数据流通的主要方式是数据开放、数据共享和数据交易。

（三）数据产业

数据产业是网络空间数据资源开发利用所形成的产业，其产业链流程主要包括从网络空间获取数据并进行整合、加工和生产，传播、流通和交易数据产品，以及相关的法律服务和其他咨询服务。随着数据的增长，人类的能力在不断提高。如今，人类可以通过卫星、遥感等手段监控和研究全球气候的变化，以提高气象预报的准确性和长期预报的能力；通过对政治经济事件、气象灾害、媒体/论坛评论、金融市场、历史等数据进行整合分析，发现全球市场波动规律，进而捕捉到稍纵即逝的获利机会；在医疗健康领域，汇总就诊记录、住院病案、检验检查报告等，以及医学文献、互联网信息等数据，可以实现疑难疾病的早期诊断、预防、发现，以制定有效治疗方案，监测不良药物反应事件，对医学诊断有效性进行评估和度量，防范医疗保险欺诈与滥用监测，为公共卫生决策提供支持，等等。所有这些都是数据资源开放利用的结果。建设数据资源，建设可用的数据资源，是大数据、数据产业、数据科学技术发展的基础。

数据资源的丰富程度将代表一个国家、一个机构拥有的财产数量。数据资源建设是一个长期的、有技术高墙且投资规模巨大的工程。就大数据目前的发展重点来讲，政府推动领域的、区域的大数据资源中心建设是正确的，这样做会形成数据资源孤岛，需要新技术来实现互联互通，也可以通过合适的大数据流通市场来解决数据的流通问题。

第五节　数据质量

"Garbage in, garbage out"是数据质量领域最经典的一句话，意思是"垃圾进来，垃圾出去"，这句话形象地描述了数据质量在数据分析过程中的重要性。在没有确定数据质量是否符合标准和业务需求之前，就直接使用和分析数据，那最终的结果将是无效或者错误的。因此，全面了解数据质量问题产生的影响、根源、表现形式以及改善数据质量的技术和方法，成为数据分析过程中最基础的环节。目前，许多组织和企业已经获取了大量的数据和信息，却发现没有多少数据能满足其信息需求。当用户为了知识管理和组织记忆而试图改进他们的系统时，会发现数据和信息质量带来的问题能造成更直接的影响。

一、数据质量的定义

数据质量在学术界和工业界并没有形成统一的定义，学术界大多认可麻省理工学院关于数据质量的定义，工业界要么采用国际标准化组织的定义，要么根据各自的特定领域扩展了"使用的适合性"的内涵。本节借鉴一些学者的研究成果，将数据质量定义如下：数据质量是指在业务环境下，数据符合数据消费者的使用目的，能满足业务场景具体需求的程度。在不同的业务场景中，数据消费者对数据质量的需求不尽相同，有些人主要关注数据的准确性和一致性，另外一些人则关注数据的实时性和相关性，因此只要数据能满足使用目的，就可以说数据质量符合要求。

二、数据质量相关技术

集成后的数据可以使用数据剖析来统计数据的内容和结构，为后续的质量评估提供依据。当人们利用人工方式或者自动化方式检测和评估数据后，发现其质量没有达到预期目标，就需要分析产生问题数据的来源和途径，并且采取必要的技术手段和措施改善数据质量。数据溯源和数据清洁这两项技术分别用于数据来源追踪和管理、数据净化和修复，最终得到高质量的数据集或者数据产品。

（一）数据集成

1.数据来源层

数据仓库中使用的数据主要来源于业务数据、历史数据和元数据。业务数据是指来源于当前正在运行的业务系统中的数据。历史数据是指在长期的信息处理过程中所积累下来的数据，这些数据通常存储在磁带或者磁盘里，对业务系统的当前运行不起作用。元数据描述了数据仓库中各种类型来源数据的基本信息，包括来源、名称、定义、创建时间和分类等，这些信息构成了数据仓库中的基本目录。

2.数据准备层

不同来源的数据在进入数据仓库之前，需要执行一系列的预处理以保证数据质量，这些工作可以由数据准备层完成。这一层的功能可以归纳为"抽取（extract）—转换（transform）—加载（load）"，即 ETL 操作。

3.数据仓库层

数据仓库是数据存储的主体，其存储的数据包括三个部分：一是将经过 ETL 处理后的数据按照主题进行组织，并将其存放在业务数据库中；二是存储元数据；三是针对不同的数据挖掘和分析主题生成数据集市。

4.数据集市

数据仓库是企业级的，能够为整个企业中各个部门的运行提供决策支持，但是构建数据仓库的工作量大、代价很高。数据集市是面向部门级的，通常含有更少的数据、更少的主题区域和更少的历史数据。数据仓库普遍采用实体-联系模型（E-R 模型）来表示数据，而数据集市则采用星型模型来提高性能。

5.数据分析/应用层

数据分析/应用层是用户进入数据仓库的端口，面向的是系统的一般用户，主要用来满足用户的查询需求，并以适当的方式向用户展示查询、分析的结果。数据分析工具主要有地理信息系统、查询统计工具、多维数据的联机分析处理（online analytical processing, OLAP）分析工具和数据挖掘工具等。

（二）数据剖析

数据剖析也称数据概要分析或数据探查，是一个检查文件系统或者数据库中数据的过程，由此来收集统计分析信息。同时，也可以通过数据剖析来研究和分析不同来源数据的质量。数据剖析不仅有助于了解异常数据、评估数据质量，也能够发现、证明和评估企业元数据。传统的数据剖析主要针对关系型数据库中的表，而新的数据剖析将会面对非关系型的数据、非结构化的数据以及异构数据的挑战。此外，随着多个行业和互联网企业的数据的开放，组织和机构在进行数据分析时，不再局限于使用自己所拥有的数据，而是将目光转向自己不能拥有或者无法产生的数据源，故而产生了多源数据剖析。多源数据剖析是对来自相同领域或者不同领域数据源进行集成或者融合时的统计信息收集。多源数据的统计信息包括主题发现、主题聚类、模式匹配、重复值检测和记录链接等。下面对这些剖析任务分别进行详细介绍。

1.值域分析

值域分析对于表中的大多数字段都适合。可以分析字段的值是否满足指定域值，如果字段的数据类型为数值型，还可以分析字段值的统计量。通过值域分析，能够发现数据是否存在取值错误，最大、最小值越界，取值为 Null 值（空值）等异常情况。

2.外键分析

外键分析可以判断两张表之间的参照完整性约束条件是否得到满足，即参照表中外键的取值是否都来源于被参照表中的主键或者是 Null 值。如果参照表中的外键在被参照表中没有找到相应的对象，或者外键为异常值等情况都属于质量问题。

3.主题覆盖

主题覆盖包括主题发现和主题聚类。当集成多个异构数据集时，如果它们来自开放数据源或者是在网络上获取的表，并且主题边界不清晰，那么就需要识别这些来源所涵盖的主题或者域，这一过程就称为主题发现。根据主题发现的结果，将主题相似的数据集汇总到一个分组或者一类数据集中，这个处理过程可称为主题聚类。

4.模式覆盖

模式覆盖主要是指模式匹配。在信息系统集成过程中，最重要的工作是发现多个数据库之间是否存在模式的相似性。模式匹配是以两个待匹配的数据库为输入，以模式中的各种信息为基础，通过匹配算法，最终输出模式之间元素在关系数据库中对应的属性映射关系的操作。

5.数据交叠

当完成模式交叠后，下一步工作就是确定数据交叠。所谓数据交叠是指现实世界的一个对象在两个数据库中使用不同的名称表示，或者使用单一的数据库但又在多个时间内表示。数据交叠可能产生同一个实体，具有多个不同的名字、多个属性值重复等质量问题，需要通过重复值检测或者记录链接等方式进行消除。

三、数据质量带来的影响

在人类航天史上，最早由于数据质量问题而带来的巨大损失发生在美国国家航空航天局（NASA）。1999 年，NASA 发射升空的火星气象卫星经过 10 个月的旅程到达火星大气层，原本预计这颗卫星将对火星表面进行为期 687 天的观测，可是卫星到达火星后就烧毁了。NASA 经过一番调查后得出结论：飞行系统软件使用公制单位"牛顿"计算推进器动力，而地面人员输入的方向校正量和推进器参数则使用英制单位——磅力。设计文档中的这种数据单位的混乱导致探测器进入大气层的高度有误，最终瓦解碎裂。无独有偶，2016 年 2 月，由日本宇宙航空研究开发机构主导研制的"Astro-H"X 射线太空望远镜，除了搭载日本自己的仪器，还搭载了几个美国和加拿大宇航局的仪器。到 3 月 26 日时，卫星突然开始不停地旋转，在高速旋转之下，甩飞了太阳能电池板，甩飞了各种设备，最后造成设备解体，整个望远镜完全报废。相关调查显示，造成事故的原因是程序写反了，即当望远镜发生异常进行高速旋转时，应该往旋转的反方向喷气，减慢其旋转速度，但是电脑给出的指令却是顺着旋转方向喷气，这就进一步加快了旋转速度，最终导致了望远镜解体。由于这条程序指令一周多前没有经过完整的测试就上传到望远镜上，因此导致事故的发生。

四、影响数据质量的因素

影响数据质量的因素有很多，既有技术方面的因素，又有管理方面的因素。无论是哪个方面的因素，其结果均表现为数据没有达到预期的质量指标。

数据收集是指从用户需求或者实际应用出发，收集相关数据，这些数据可以由内部人员手工录入，也可以从外部数据源批量导入。在数据收集阶段，引起数据质量问题发生的因素主要包括数据来源和数据录入。通常，数据来源可分为直接来源和间接来源。数据的直接来源主要包括调查数据和实验数据，它们是由用户通过调查或观察以及实验等方式获得的第一手资料，可信度很高。间接来源是指收集来自一些政府部门或者权威机构公开发布的数据，这些数据也称为二手数据。在互联网时代，由于获取数据和信息非常便捷，二手数据逐渐成为主要的数据来源。但是，一些二手数据的可信度并不高，存在诸如数据错误、数据缺失等质量问题，在使用时需要进行充分评估。

数据整合的最终目标是建立集各类业务数据于一体的数据仓库，为市场营销和管理决策提供科学依据。在数据整合阶段，最容易产生的质量问题是数据集成错误。将多个数据源中的数据合并入库是常见的操作，这时需要解决数据库之间的不一致问题或质量问题，在实例级主要是相似问题、重复问题，在模式级主要是命名冲突和结构冲突。为了解决多数据源之间的不一致问题，在基于多数据源的数据集成过程中可能导致数据异常，甚至产生新的异常数据。因此，数据集成是数据质量问题的一个来源。

数据建模是一种对现实世界各类数据进行抽象的组织形式，继而确定数据的使用范围、数据自身的属性以及数据之间的关联和约束。数据建模可以记录商品的基本信息，如形状、尺寸和颜色等，同时也反映出业务处理流程中数据元素的使用规律。好的数据建模可以用合适的结构将数据组织起来，减少数据重复的概率并提供更好的数据共享机制；同时，数据之间约束条件的使用可以保证数据之间形成稳定的依赖关系，防止出现不准确、不完整和不一致的质量问题。

数据分析（处理）是指用适当的统计分析方法对收集来的大量数据进行分析，提取有用信息和形成结论，进而对数据加以详细研究和概括总结的过程，这一过程也是质量管理体系的支持过程。测量错误是数据分析阶段的常见质量问题，它包括三类问题：一是由测量工具不合适而造成数据不准确或者异常；二是无意的人为错误，如方案问题（如不合适的抽样方法）以及方案执行中的问题（如测量工具误用等）；三是有意的人为舞弊，即出于某种不良意图的造假，这类数据可以直接导致信息系统决策失误，同时也造成严重后果和不良的社会影响。

数据发布和展示是将经处理和分析后的数据以某一种形式（表格和图表等）展现给用户，帮助用户直观地理解数据价值及其所蕴含的信息和知识，同时提供数据共享机制。相比较而言，数据发布和展示阶段的质量问题要比前面几个阶段少，数据表达质量不高是这一阶段存在的主要问题，展示数据的图表不容易理解、表达不一致或者不够简洁都是一些常见的质量问题。

数据备份是容灾的基础，严格来说，数据备份阶段并不存在质量问题，它只是为数据使用提供一个安全和可靠的存储环境。一旦数据遭受破坏不能正常使用，便可以利用备份好的数据进行快速恢复。

五、大数据时代数据质量面临的挑战

目前，数据质量面临着如下一些挑战。

第一，数据来源的多样性。大数据时代带来了数据类型丰富和数据结构复杂的数据，增加了数据集成的难度。以前，企业常用的数据仅仅涵盖自己业务系统所生成的数据，如销售、库存等数据，现在，企业所能采集和分析的数据已经远远超越这一范畴。大数据的来源非常广泛，主要包括四个途径：一是来自互联网和移动互联网的数据，二是来自物联网的数据，三是来自各个行业（医疗、通信、物流、商业等）的数据，四是科学实验与观测数据。这些来源造就了丰富的数据类型。不同来源的数据在结构上差别很大，企业要想保证从多个数据源获取结构复杂的大数据并有效地对其进行整合，是一项异常艰巨的任务。来自不同数据源的数据之间存在着相互矛盾的现象。在数据量较小的情形下，可以通过人工或者编写程序查找；当数据量较大时可以通过 ETL 或者 ELT 就能实现多数据源中不一致数据的检测和定位，然而这些方法在 PB 级甚至 EB 级的数据量面前却显得力不从心。

第二，数据量巨大，难以在合理时间内判断数据质量的好坏。2020 年，全球创建、捕获、复制和使用的数据总量约为 64.2 ZB。要对这么大体量的数据进行采集、清洁、整合，最后得到符合要求的高质量数据，这在一定时间内是很难实现的。因为大数据中非结构化数据的比例非常高，从非结构化类型转换成结构化类型再进行处理，需要花费大量时间，这对现有处理数据质量的技术来说是一个极大的挑战。对于一个组织和机构的数据主管来说，在传统数据下，数据主管可管理大部分数据，但是，在大数据环境下，数据主管只能管理相对更少的数据。

第三，由于大数据的变化速度较快，有些数据的"时效性"很短。如果企业没有实时收集所需的数据或者处理这些收集到的数据需要耗费很长的时间，那么有可能得到的就是"过期"的无效数据，在这些数据上进行的处理和分析，就会出现一些无用的或者误导性的结论，最终导致政府或企业的决策失误。

第二章　智能电网概述

第一节　智能电网架构

一、智能电网

智能电网是指在传统电网上覆盖通信网络而形成的电网。通信网络和电网彼此关联：通信网络依靠电网获取数据，而电网依靠通信网络进行活动运营。电网的作用在于提供无处不在的通信能力，从传感器和电表收集数据并原地处理，以及提供相关信息以支持多样性活动，例如，确保电网稳定，检测并解决异常现象，预测负荷，促进需求响应。这一切均需要完成，同时要保护消费者的隐私，保护关键运营数据不被其他国家窃取，并确保数据的完整性以满足业务和运营需求。为了将不同的通信媒体整合到单片网络上，为多个应用程序提供有保障的延迟和用网服务，以及必要时确保数据安全，这是一项艰难的挑战。

电网通常分为输电、配电和最后一公里。输电是指将高压电流远距离输送到分电站。配电是指将分电站的低电压数据传输到本地变压器。最后一公里是指将本地变压器与用户连接起来，这也是公用事业公司和用户互动的地方，以支持实时管理能源的生产、分配、使用。随着智能电网技术的整合，传统网络正在进入家庭和企业。与电网相似，通信网络可以分为广域网（WAN）、城域网（MAN）、场域网（FAN）和家域网（HAN）。

传输网络相关的主要目标是提供态势感知能力，其中需要跨越大型地理网络进行监测和控制电网的技术，包括纳入监测电网状态的同步相量，以确保其同步并支持数据采集与监视控制（supervisory control and data acquisition, SCADA）系统。该层面的任何疏忽都将对整个电网造成深远的后果，包括大规模停电。因此，WAN 需要提供高带宽（600 kbps—1 500 kbps）、低延迟（20 ms—200 ms）以及高可靠性（超过 99%）。无线技术可能无法满足此种可靠性，并将主要依赖光纤或其他有线技术。在配电层面，目标是能够监测配电网络的故障和其他异常情况，并能够整合微型发电源。这将提出带宽（10 kbps—100 kbps）和延迟（10 ms—15 s）以及可靠性超过 99%的可变要求。

关键要求是在停电期间处理来自多个源头的峰值数据。这些网络通常密集且遍布整个城市，需要不同技术的组合，包括无线电、电力线载波和高级计量架构。最后一公里将负责记录用户的计量信息以及发挥需求响应能力。这要求供应商的互操作性能够支持用户家中不同类型的设备。冗余、容差和安全对于该网络而言都是至关重要的。HAN 需要在短距离内能够使来自多个设备的极高数据速率穿透墙壁。通信信道应该能消除来自多个设备的一系列干扰，并且能够可靠地运行。为了美观与方便，HAN 很有可能是无线的。

二、通信技术

目前，大部分电力系统基础设施综合使用多种技术，包括专用电缆、微波、电力线通信和光纤技术。以专用光纤通信取代一切现有的基础设施会导致成本过高。因此，基础设施将由无线电、光纤、电力线载波和传统电缆或以太网组成。

实施的最诱人的一项技术将是可编程逻辑控制器（programmable logic controller, PLC），因为电力基础设施已经将所有层级的整个电网连接在一起。该技术自 1920 年以来一直处于研发状态，最初应用形式是通过远程站之间的高压线进行语音和数据通信，最近则用于控制负荷和自动抄表。早期技术是以低于 3 kHz 的频率运行的，从而可以远距离传输 60 bps 的低数据速率。1992 年，欧洲电工标准化委员会制定的标准中规定了四个频带中所使用的频谱：电力公司为 3 kHz—95 kHz；一般应用为 95 kHz—125 kHz，家庭网络为 125 kHz—140 kHz，安全应用为 140 kHz—148.5 kHz。在 WAN 层面的创新是在位于传输塔顶部的地线中使用光纤以防雷击。世界上大多数电网系统都使用装入光纤的地线。这些通信信道可以在很远的距离内有效运行，损耗最小并且可靠性高。更新安装的传输线中的这些光纤有助于部署智能电网，而不需要任何额外的通信容量。虽然此种基础设施支持智能电网的需求，但驱动目前通信的 TCP/IP 协议无法提供发电厂（包括核电）、控制设备、变电站以及最终配电网之间通信所需的必备安全措施。

无线媒体将成为智能电网通信基础设施的重要组成部分，主要是由于其具有便利性与可接入性，特别是在计量和家庭网络领域。通信可以远距离通过中继段（电线杆）进行传输。有几种不同的技术可以使用，比如微波、WiMAX、Mesh、LTE（长期演进）、Cellular、WLAN 和 ZigBee。微波是一种高容量的点对点无线传输，为包括无线电接入网和 WAN 在内的电信业务提供基础。它可以应用于 SCADA、AMI（智能环境）和需求响应等应用。作为 GSM（全球移动通信系统）和 CDMA（码分多址）的替代品，WiMAX 是大型区域内具有成本效益的信道宽带接入技术。它可以适用于 AMI、SCADA、需求响应、流动员工管理和视频监控。网状网络是通过使用以网状拓扑结构排列的无线节点网络而创建的，通常用于为最后一公里提供宽带接入。它可以覆盖或替换铜线 DSL（数字用户线路）或提供冗余的通信通道。它可以用于远程监控、需求响应、AMI 和分布自动化。存在的问题是由路由器之间的跳跃而导致的延迟；然而，通过添加额外的节点并允许在网络中构建冗余使它很容易扩展。LTE 项目是移动通信的下一代网络，可提供高频谱效率和低延迟。它可以用于所有使用网状网络的应用；然而，LTE 技术并非现成的，并且安装成本高。蜂窝网络通常用于大多数用户的应用程序，包括移动电话、互联网连接、语音和视频聊天以及发送短信。智能电网中，蜂窝网络可以用于员工协调、AMI 等，主要优势在于其已经被广泛部署，实施智能电网举措所需要的资金成本最低。WLAN 已经广泛用于室内连接，并且可以轻松用于家庭区域网，并将智能电表与内部可视化设备相连接。ZigBee 是专门针对智能电网而制定的标准，针对包括智能电表、智能照明和电器在内的家庭网络应用。

三、传感器与设备

虽然通信基础设施推动了智能电网的发展，但是真正的益处将来自网络上的传感器和设备。智能电表将安装在网络的每个节点上，这有助于通过双向计量实现双向电力交换，并允许电力公司精确控制用户电器的用电情况。电表还将允许用户远程访问家中的电器，并为其提供详细的使用数据。此外，它还将为商业实体提供监控、诊断和维修设备的权限。智能电网也将最大限度地减少人为收集的电网数据。

随着时代的发展，网络上的每个设备将由传感器来收集数据（包括电压、相位、温度等）。这些数据将通过电网的双向通信系统接力传送到控制中心。电网的关键需求之一是提高稳定性，这需要在整个网络中安装同步相量设备以进行数据收集。同步相量将实时测量来自整个电网的电量，然后将其用在几个关键应用上，如动态响应估计、电网同步和故障识别等。这些设备由全球定位系统、卫星同步时钟、同步相量测量单元、相量数据集中器和分析软件组成。

智能电网的另一个关键元素是电网的自我修复能力，它可以自动修复缺陷或隔离故障，从而最大限度地保障用户正常用电。为了在电网中开发自我修复能力，每个开关都需要处理器，并且断路器和机电开关需要用固态电子电路来替代。电网中将添加自动重合闸装置，从而允许由树枝和大风等事件而导致的暂时性瞬时故障，从而进行自我纠正。为了管理和分析数据，需要加强分布式分析处理能力以及电网的存储能力。同时，保护电网需要加强外围防御能力和增强对网络入侵和攻击的可预见性。

第二节　智能电网的作用

智能电网通俗地讲是指电网的智能化或智能电力，也被称为"电网2.0"，它基于集成的、高速双向通信网络，通过先进的传感和测量技术、先进的设备技术、先进的控制方法以及先进的决策支持系统技术的应用，实现电网的可靠、安全、经济、高效、环境友好和使用安全的目标，其主要特征包括自愈、激励和保护用户、抵御攻击、提供满足21世纪用户需求的电能质量、容许各种不同发电形式的接入、启动电力市场以及资产的优化高效运行。建设智能电网将有效促进世界经济社会发展，并更好地应对全球气候变化和能源危机，对促进世界经济社会可持续发展具有重要作用。智能电网的作用主要表现在如下五个方面。

（1）促进清洁、可再生能源的开发利用，减少温室气体排放，推动低碳经济社会发展。

（2）优化能源结构，实现多种能源形式的互补，确保能源供应的安全稳定，减少对化石能源的依赖程度。

（3）有效提高能源输送和使用效率，增强电网运行的安全性、可靠性和灵活性，促进在更大范围内的能源动态平衡。

（4）推动相关领域的技术创新，促进装备制造和信息通信等行业的技术升级，扩大就业，促进社会经济可持续发展。

（5）实现电网与用户的双向互动，创新电力服务的传统模式，为用户提供更加优质、便捷的服务，提高人民生活质量。

随着智能电网的发展，电网功能逐步扩展到促进能源资源优化配置、保障电力系统安全稳定运行、提供多元开放的电力服务、推动战略性新兴产业发展等多个方面。作为我国重要的能源输送和配置平台，智能电网从投资建设到生产运营的全过程都将为国民经济发展、能源生产和利用、环境保护等方面带来巨大效益，具体表现在如下几个方面。

（1）在电力系统方面：可以节约系统有效装机容量；降低系统总发电燃料费用；提高电网设备利用效率，减少建设投资；提升电网输送效率，降低线损。

（2）在用电客户方面：可以实现双向互动，提供便捷服务；提高终端能源利用效率，节约电量消费；提高供电可靠性，改善电能质量。

（3）在节能与环境方面：可以提高能源利用效率，带来节能减排效益；促进清洁能源开发，实现替代减排效益；提升土地资源整体利用率，节约土地资源。

（4）其他方面：可以带动经济发展，拉动就业；保障能源供应安全；变输煤为输电，提高能源转换效率，减少交通运输压力。

第三节　智能电网应用案例

一、"迈阿密智能能源"项目

"迈阿密智能能源"曾是全美国最广泛的智能电网项目。2009 年 4 月 20 日，佛罗里达州迈阿密市举行"迈阿密智能能源"项目启动仪式，其核心是为迈阿密-戴德县的居民提供更多用电选择。届时，迈阿密-戴德县的居民和企业将得到 100 多万只"智能电表"，这些电表将帮助佛罗里达电力和照明（FPL）

公司的用户节约用电，同时，电表提供的自动反馈信息将为 FPL 公司更有效地管理输出电力发挥作用。智能电表的管理系统将是一个开放的平台，各种节电方案可以在这个平台上得到应用，比如可以管理和控制空调及家电设备的用电。

"迈阿密智能能源"项目由政府和美国知名大公司组成的联盟组织实施。FPL 公司是美国领先的运用能源效益项目的公司，将负责项目的总体实施，推动智能电网技术的应用，该公司在佛罗里达有 450 万电力用户，其中包括在迈阿密-戴德县的 100 万电力用户；美国通用电气公司（General Electric Company,GE）是全球领先的发电、输配电设备制造和管理企业，将为项目提供主要设备，包括智能电表，并可能提供先进家电和智能电力控制系统；银春网络公司是领先的电网技术提供商，提供开放的无线网络系统；思科公司负责设计和实施迈阿密-戴德县电力传输网的智能平台，并为家庭提供能源管理信息和控制方案。

"迈阿密智能能源"项目包括一系列提高电力输送效率和为消费者节约电量和电费的措施，具体如下。

（1）智能电网自动化和信息传输。新的智能电网与传统电网相比，更像一个互联网，它通过中央信息和控制系统连接智能电表、高效变压器、数字化变电所、发电厂和其他设备。该系统实时监测用电状况，识别并自动修复停电或派出人员检修，可整体提高用电效率和电厂的生产率。

（2）智能电表。项目实施的第一阶段会在迈阿密-戴德县家庭安装 100 多万部智能电表，在 5 年内，FPL 公司会在佛罗里达全州的 400 多万个家庭安装智能电表，这一扩展计划将会产生新的投资金额为 5 亿美元的投资项目。智能电表是一个多系统的交流平台，包括具有双向信息交流功能的读表器和一套操作管理系统及数据库。用户可以通过上网，了解自己在某月、某日或者某个小时用了多少电，这样，用户就可以根据不同时段电费的高低，有效地调整家庭或单位的用电规模，从而节省电费。智能电表和网络还可以帮助用户管理家用电器的运转时间和方式。

（3）可再生能源整合。一些本地大学和学校会安装太阳能发电设备，电池技术可储存太阳能电力,以供高峰时间使用。

(4)插电式混合动力汽车(plug-in hybrid electric vehicle, PHEV)。FPL公司将在迈阿密-戴德县投入使用300辆插电式混合动力汽车,并提供50个新的充电站。同时,还将有更多的PHEV在迈阿密戴德大学、佛罗里达国际大学、迈阿密大学和迈阿密市投入使用。

(5)消费者技术试用项目。政府在迈阿密-戴德县的1 000个家庭中进行新技术试验,以确定何种技术能够更好地达到节电效果和提高客户满意度。

二、华为公司智能电网案例

作为全球领先的信息与通信解决方案供应商,华为在信息通信技术领域积累了丰富的经验,致力于为全球电力、政府、公共事业、金融、交通、能源、企业等行业客户提供全面、高效的信息通信技术解决方案,帮助行业客户利用信息化技术提升企业的核心竞争力。

基于在电力配电领域的积累,华为推出了配电自动化通信解决方案,帮助电力企业实现配电系统的智能管理、提高运营效率、降低运营成本。针对配电自动化不同应用场景,华为提供应用于CBD/高新区的智能电网xPON解决方案及应用于成熟社区的电力无线专网接入方案。方案采用信息通信技术实现对配电系统的分析和管理功能,提高配电系统管理效率,保障配电系统可靠安全运行,帮助电力企业实现电能降损。

为进一步提高配电效率、配电可靠性、服务水平及信息互动性,满足电力企业对信息化、自动化、互动化坚强智能电网的建设要求,华为推出了基于xPON技术的配电自动化通信解决方案。华为xPON系统网络拓扑具有与电力配电网环形、链型结构完全吻合的特点,能够大大节省光纤投资,适应配电网架的延伸扩展;同时也保障了站点到配电终端之间链路的1+1保护功能,实现50 ms保护倒换。系统具有单纤双向高带宽业务承载、全程无源的特点,完全满足坚强智能电网的建设要求。

华为智能电网解决方案适用于全球各区域不同电网发展阶段的配电自动化建设与优化改造项目。通过构建完整的配电通信网络，逐步实现在线预警、实时监控、故障快速定位及自愈，从而大大减少停电时间，降低线损，提高供电质量。推荐在 CBD/高新区等新建城区使用该方案。

基于 xPON 的 CBD/高新区配电自动化通信解决方案组网由以下 4 部分组成。

（1）光线路终端（optical line terminal, OLT）。它是 xPON 网络的头端设备，负责光网络单元的接入汇聚任务，安装于 110 kv 变电子站处；上行可以接入目前电力通信网已有的传输网中，同时光线路终端也可以独立具备支持环网组网的能力（支持 RSTP/MSTP），当某节点链路出现故障时，能快速完成设备上行链路的切换。

（2）光分配网络（optical distribution network, ODN）。光分配网络设备应用在接入通信层，是光线路终端与光网络单元之间的通信光链路，负责将光网络单元从 FTU/RTU/TTU 等上采集来的监控数据传输给子站通信层的光线路终端，或者将子站/主站的调度、设置信息通过光网络单元传递到 FTU/RTU/TTU等设备上，实现终端控制。

（3）光网络单元（optical network unit, ONU）。它是 xPON 网络的终端设备，安放在开闭所、环网柜、柱上开关等场景。对于光网络单元，主要负责对FTU/RTU/TTU 等监控数据的采集。光网络单元上行需要提供两个以太网无源光网络（ethernet passive optical network, EPON）端口，在某端口出现故障后能快速切换到备用端口上。华为业界首款针对电力专网推出的自然散热式光网络单元设备 SmartAX MA5621，可应用于电力系统的远程信息采集和传输，也可满足视频监控等建设需求，使得整个系统可以采集更多的配电终端信息，进行更复杂的配电业务，以完善对用户的服务质量。

（4）U2000（网络管理系统）。它是面向未来网络管理的主要产品和解决方案，具备强大的网元层、网络层管理功能，支持免现场软调、远程验收、远程升级打补丁、远程故障定位等多种高效的管理维护方法。

华为智能电网解决方案具有以下 3 个亮点。

①易部署。xPON 网络拓扑与配电网络相匹配，部署简单，易扩建。

②高可靠、高安全。支持主备倒换与独立双上行，支持防窃听、防 MAC 欺骗等多种安全特性。

③长距离、高带宽。通信带宽最高可以达到 1.25 Gbps，传输长度可以达到 20 km，加强了整个配电自动化通信对业务的承载能力。

第四节　智能电网的核心技术

智能电网的核心技术包括如下几个方面。

①发电领域：主要包括大规模可再生能源、分布式能源、光伏发电等电源的接入和协调运行技术。

②输电领域：主要包括大电网规划技术、电力电子技术、输电线路运行维护技术、输电线路状态检修技术和设备全寿命周期管理技术等。

③调度领域：主要包括大电网安全稳定分析与控制技术、经济运行技术、综合预警和辅助决策技术、安全防御技术等。

④变电领域：主要包括变电站信息采集技术、智能传感技术、实时监测与状态诊断技术、自适应保护技术、广域保护技术、智能电力设备技术等。

⑤配电领域：主要包括配电网安全经济运行与控制、电能质量控制、智能配电设备研究、大规模储能、电动汽车变电站等技术。

⑥用电领域：主要包括高级量测技术、双向互动营销技术、用户储能技术、用户仿真技术等。

综上所述，智能电网最终目标是建设成为覆盖电力系统整个生产过程，包括发电、输电、变电、配电、用电及调度等多个环节的全景实时系统。而支撑智能电网安全、自愈、绿色、坚强及可靠运行的基础是电网全景实时数据采集、传输和存储技术，以及累积的海量历史多源异构数据快速分析技术。因而随着智能电网建设的不断深入和推进，电网运行和设备检/监测产生的数据量呈指数级增长，逐渐构成了当今信息学界所关注的大数据，因此需要相应的传输、存储、处理等技术作为支撑。

一、大数据传输及存储技术

随着智能电网建设的逐步推进，电力系统各个环节的运行数据及设备状态在线监测数据被记录下来，由此产生的海量数据传输和存储问题不仅对监控装置造成极大的负担，而且也制约着电力系统智能化的跨越式发展。

通过数据压缩可以有效减少网络数据传输量，提高存储效率。因此，数据压缩技术获得了广泛关注，杨奇逊院士探讨了基于提升格式的故障暂态过程信号实时数据的压缩和重构算法，利用哈夫曼编码方法对电力系统的实时数据进行压缩和解压。针对时序数据存在大量重复的问题，为减小存储空间，压缩算法是一种可行的选择，包括基于二维提升小波的火电厂周期性数据压缩算法和电力系统稳态数据参数化压缩算法。在输电线路状态监测系统中，为了发现绝缘子放电等异常现象，会高频采样泄漏电流，从而产生较大的数据量。目前该类系统普遍采用无线通信方式，但受限于网络带宽的数量，因此需要进行数据压缩。利用基于自适应编码次序的多级树集合分裂排序算法可以根据小波系数集合的显著性自适应地进行集合划分，这种做法尤其适合压缩泄漏电流这类高噪声信号。数据压缩一方面减少了存储空间；另一方面压缩和解压造成大量中央处理器资源的耗费。在数据到达监控中心后需要对数据进行解压，需要合适的计算与存储平台。

在数据存储方面，智能电网中的海量数据可以利用分布式文件系统来存储,比如利用 Hadoop 的分布式文件系统(Hadoop distributed file system, HDFS)等存储系统,然而这些系统虽然可以存储大数据,但很难满足电力系统的实时性要求。因此,必须对系统中的大数据根据性能和分析要求进行分类存储:对性能要求非常高的实时数据采用实时数据库系统;对核心业务数据使用传统的并行数据仓库系统;对大量的历史和非结构化数据采用分布式文件系统。本节提出为智能电网中的大数据构建多级存储系统,如图 2-1 所示。需要指出的是,鉴于目前云平台接收智能电网监测数据的实时性得不到保证,可以在图 2-1 中的"数据接入与信息集成"前面设置若干前置机,负责实时接收通信网中送来的报警信息或监测数据,并在云平台不能响应时负责暂存。

图 2-1　智能电网大数据多级存储系统

另外,智能电网中的数据格式与传统商业数据具有很大的不同,拥有自己的特点。比如在故障录波装置及输变电设备状态监测中,波形数据较多,而波形数据与传统商业数据具有本质的不同，具有生成速度快、体量大和处理计算复杂度高等特点。因此，需要研究面向智能电网大数据存储的格式，从而有利于后续的数据分析和计算。

智能电网环境下各类数据的异构，不能用已有的简单数据结构描述，而计算机算法在处理复杂结构数据方面效率相对较低，但处理同质的数据则效率非常高。因此，如何将数据组织成合理的同质结构，是大数据存储处理中的一个重要问题。另外，智能电网中存在大量的非结构化和半结构化数据，如何将这些数据转化为结构化的格式，是一项重大挑战。

二、实时数据处理技术

对大数据而言，处理速度十分重要。一般情况下，数据规模越大，分析处理的时间就会越长。传统的数据存储方案是针对一定大小的数据量而设计的，在其设计范围内处理速度可能非常快，但不能适应大数据的要求。未来智能电网环境下，从发电环节、输变电环节到用电环节，都需要应用实时数据处理技术。目前的云计算系统可以提供快速的服务，但有可能会出现短暂的网络拥堵现象，甚至会出现单台服务器存在故障的问题，而不能保证响应时间。

基于内存的数据库越来越受到关注。内存数据库就是将数据放在内存中直接操作的数据库。相对于磁盘，内存的数据读写速度要高出几个数量级，将数据保存在内存中比从磁盘上访问能够极大地提高应用的性能。目前，电力系统中已经开始使用内存数据库，以提高实效性。例如，针对我国部分地区出现用电荒的问题，SAP（德国开发的企业管理系列软件）推出了基于 HANA（分析软件简称）内存数据库的智能电表分析解决方案，希望能够将智能电网涉及的环节和电力大用户的数据进行集成和整合分析，以实现各地电能消费情况的分析，以做好相应的预防措施。

在大数据集中，进行关键字的查询也是一个重要的挑战。通过对整个数据集进行扫描来找到符合要求的记录方法显然是不可行的，即使通过类似 MapReduce 这样的并行处理技术加快扫描，也不是很合理。而通过事先为数据建立索引结构帮助查找是一种比较快速同时节省系统资源的方法。目前一般的索引结构的设计仅支持一些简单的数据类型，大数据则要求为复杂结构的数据建立合适的索引结构，这也是大数据的一个巨大挑战。例如，物联网采集的多维数据，其数据量不断增长，同时对查询时限有要求，需要不断更新索引结构，索引的设计就非常具有挑战性。下面分别从发电、输变电和用电环节分析智能电网大数据在数据处理方面面临的挑战。

（一）发电环节

发电企业属于连续工业生产企业，它的特点是生产过程连续、自动化程度高，要求全过程的实时监控、高速的实时数据处理、长期的历史数据存储以及生产信息的集成与共享。有研究表明，正常运行的 SCADA 系统如果延迟 50 ms 接收监测数据，就会导致错误的控制策略；还有研究表明，SCADA 系统在使用 Internet 环境下最普遍的 TCP/IP 协议时出现故障，主要原因是 TCP 协议进行流量控制和数据纠错而造成数据传输的延迟。未来的智能电网解决方案将需要实时响应，即使在出现节点故障的情况下也应如此。目前的关系数据库系统和云计算系统被设计成处理永久、稳定的数据。关系数据库强调维护数据的完整性、一致性；云计算系统强调可靠性和可扩展性，但很难顾及有关数据及其处理的定时限制，不能满足工业生产管理实时应用的需要。

（二）输变电环节

状态监测对数据存储与处理平台的性能或实时性具有较高的要求，而云计算技术虽然可以有效地处理大数据，但需要进一步提升云平台对海量监测数据的存取性能，以满足实时性的要求。以往的大规模停电事故，最初是由一些环境因素引起的，比如大风导致的线路跳闸等。现有 SCADA 系统的监控范围仅限于系统的主参数，对构成系统的各重要设备的健康状况的信息缺失，导致运行人员在事故面前难以做出正确的处理。未来智能电网要求具有故障自愈功能，其 SCADA 系统须拥有全网的监测数据，需要将电力设备的状态数据纳入其中，这对平台的实时处理提出了更高的要求。

新型绿色能源发电功率的不稳定性造成电网的波动，对整个电网调度形成很大的压力。目前电网调度与控制模型不能够应对这种大量的小型发电系统产生的波动和不可预知的行为。最新的研究表明，为支持这种情况，需要创建一种新型的电网状态监控系统，能够更加细粒度地跟踪电网实时状态。因此，未来的 SCADA 系统需要实时处理比目前多几个数量级的监控数据。

（三）用电环节

未来智能电网环境下，家庭可能配备多种电能、电量监测设备，用以实现低成本的用电，并与电网的负载相匹配。例如，电热水器可能会选择在夜间这种用电量低谷时段运行；空调会根据用户舒适度、电价以及电网负荷等参数实时自动调整。在某种程度上，可以认为 SCADA 系统进入了普通家庭，用电环节的实时数据处理变得越来越重要。

三、处理技术

（一）异构信息整合

未来智能电网要求贯通发电、输电、变电、配电、用电、调度等多个环节，实现信息的全面采集、流畅传输和高效处理，支撑电力流、信息流、业务流的高度一体化。因此，首要功能是实现大规模多源异构信息的整合，为智能电网提供资源集约化配置的数据中心。针对海量异构数据，如何构建一个模型对其进行规范表达，如何基于该模型实现数据融合，以及对其进行有效的存储和高效查询是急需解决的问题。

电网各信息系统大多基于本业务或本部门的需求，设有不同的平台、应用系统和数据格式，导致信息与资源分散，异构性严重，横向上不能共享，上下级间纵向贯通困难，例如，在电力系统中存在监控管理、能量管理、配电管理、市场运营等各类信息系统，大多处于相互独立、数据信息不能共享的状态。使用云平台实现各独立系统的集成，可实现这些分散孤立系统之间的信息互通。

另外，智能电网的基础设施规模庞大，数量众多且分布在不同地点。例如，国家电网公司的信息化平台在公司总部与各个网省公司之间建立 2 级数据中心，实现公司总部、网省公司、地市县公司的 3 层应用。如何有效管理这些基础设施、减少数据中心的运营成本是一个巨大的挑战。

（二）各类电网数据的高效管理

在智能电网异构多源信息融合和管理中，建立类似 IEC61850（电力系统自动化领域通用标准）或 IEC61970（国际电工委员会制定的系列国际标准）的信息互操作模型是很有必要的。由于智能电网中的数据类型比 IEC61850 所涉及的类型要多，所以应用多层知识结构和语义的方法建立面向领域的分析模型与基于语义的服务模型是一种可选的方法。综合运用统计学习、支持向量机、相关向量机和关联规则挖掘等理论，研究异构数据融合与挖掘的集成方案以及实时挖掘算法。由于设备状态的劣化是一个由量变到质变的过程，像多年积累的油色谱这样的时序数据的挖掘更有意义，目前这种大数据挖掘虽有一些研究成果，但实用化程度不高。

四、大数据可视化分析技术

面对海量的智能电网数据，如何在有限的屏幕空间下，以一种直观、容易理解的方式展现给用户，是一项非常有挑战性的工作。可视化方法已被证明为一种解决大规模数据分析的有效方法，并在实践中得到广泛应用。智能电网各类应用产生的大规模数据集，包含高精度、高分辨率数据，时变数据和多变量数据等。一个典型的数据集可达 TB 数量集以上。如何从这些庞大复杂的数据中快速而有效地提取有用的信息，成为智能电网应用中的一个关键技术难点。可视化通过一系列复杂的算法将数据绘制成高精度、高分辨率的图片，并提供交互工具，有效利用人的视觉系统，并允许实时改变数据处理和算法参数，对数据进行观察和定性及定量分析。

电力企业将电力科学可视化引入电力工业生产和管理领域，借助可视化的图形展示手段，为电力系统的运行监视、控制、调度、分析、规划等提供有力保障。随着电力信息日益丰富，电力大数据需要创新原有的可视化手段，通过可视化技术在更广阔的范围挖掘和展示电力数据的价值。这方面的挑战主要包括可视化算法的可扩展性、并行图像合成算法、重要信息的提取和显示等方面。

五、流式计算技术

随着业务的增长，业界对大数据的速度维度越来越关注，过去需要几天或者几个小时才能回答的问题现在期望在几分钟、几秒甚至毫秒内得到解决。实时流数据存储和处理技术将会越来越多地被研究和开发。实时流式大数据的处理在很多方面和分布式系统在原理上有很多相似之处，然而也有其独特需求。流式计算是一种高实时性的计算模式，需要对一定时间窗口内应用系统产生的新数据完成实时的计算处理，避免造成数据堆积和丢失。很多行业的大数据应用，如电信、电力、道路监控等行业应用，以及互联网行业的访问日志处理，都同时具有高流量的流式数据和大量积累的历史数据，因而在提供批处理数据模式的同时，系统还需要具备高实时性的流式计算能力。流式计算的一个特点是数据运动、运算不动，不同的运算节点常常绑定在不同的服务器上。

MapReduce 为大数据处理提供了一个很好的平台。然而，由于 MapReduce 最初是为大数据线下批处理而设计的，随着很多需要高响应性能的大数据查询分析计算问题的出现，MapReduce 在计算性能上往往难以满足要求。随着内存价格的不断下降以及服务器可配置的内存容量的不断提高，用内存计算完成高速的大数据处理已经成为大数据计算的一个重要发展趋势。Spark 则是分布内存计算的一个典型的系统，SAP 平台的 HANA 则是一个全内存式的分布式数据库系统。但目前尚未查到内存计算技术在输变电设备监测系统中的应用报道。

数据流技术在电力系统中应用研究起步晚，成果相对少。法国电力公司针对电力自动计量管理产生的大量用电数据流（可能以秒计量）进行连续查询，如按表或按城市查询最近 5 分钟用电量情况、查询午夜到早 8 点用电量超过正常值 10%的用户，传统数据库管理系统无法满足对数据流的这些连续聚集查询需求，它们采用两个著名的数据流管理系统原型（STREAM 和 TelegraphCQ）进行了试验测试，试验结果发现这两个系统都无法完全满足需求，它们还要继续寻找更合适的其他系统或跟踪 TelegraphCQ 的更高版本或使用其他的商业系统。土耳其的 Power Quality Group 平台提出了针对电能质量数据监测的数据流系统框架 PQStream，该框架旨在实时采集分析电能质量参数，且准备引入数据挖掘内容。葡萄牙的波尔图大学经济学院提出了针对电力市场买售电的负荷预测框架，根据负荷数据的实时变化及时做出决策。

第三章　大数据在电网中的应用

第一节　智能电网与大数据

大数据可以通俗地理解为无法在一定时间内用传统数据库软件工具对其内容进行抓取、管理和处理的数据集合。根据国际数据公司（international data corporation, IDC）的监测统计，即使在遭遇金融危机的 2009 年，全球信息量也比 2008 年增长了 62%，达到 80 万 PB，到 2011 年全球数据总量已经达到 1.8 ZB，并且以每两年翻一番的速度飞速增长。在数据规模急剧增长的同时，数据类型也越来越复杂，包括结构化数据、半结构化数据、非结构化数据等多种类型，其中采用传统数据处理手段难以处理的非结构化数据已接近数据总量的 75%。

鉴于大数据分析技术在经济、社会的应用和潜在的巨大影响，很多国家都将大数据视作战略资源，并将大数据应用提升为国家战略。2012 年 9 月，日本总务省发布 2013 年行动计划，提出以复苏日本为目的推进"活跃在 ICT 领域的日本"ICT 综合战，明确提出"通过大数据和开放数据开创新市场"。2013 年 2 月，法国政府发布了《数字化路线图》，列出了 5 项将会大力支持的战略性高新技术，"大数据"就是其中一项。2013 年 3 月，中国电机工程学会电力信息化专委会发布了《中国电力大数据发展白皮书》；2013 年年初，贵州省发布《贵州"云计算"战略规划》；2013 年 10 月，中国国内领先水平的大规模云计算数据中心、云计算研发应用示范基地——中国电信云计算贵州信息园在贵阳正式开工建设；2015 年，大数据上升到国家战略层面，我国政府于 2015

年 8 月通过了《关于促进大数据发展的行动纲要》；2018 年达沃斯世界经济论坛等全球性重要会议都把"大数据"作为重要议题，进行讨论和展望。这些实例进一步说明了大数据应用的重要性，未来大数据可能成为国家创新能力和竞争力的重要体现。

仅 2009 年，谷歌公司通过大数据业务就对美国经济贡献了 540 亿美元，而这只是大数据所蕴含的巨大经济效益的冰山一角。淘宝公司通过对大量交易数据变化的分析，可以提前 6 个月预测全球经济发展趋势。2011 年 5 月，麦肯锡全球研究院发布了关于大数据的调研报告《大数据：创新、竞争和生产力的下一个前沿领域》，文中充分阐明了大数据研究的地位以及将会给社会带来的价值，大数据研究已成为社会发展和技术进步的迫切需要。2016 年中国大数据市场规模为 168.0 亿元，增速达到 45%。

目前，大数据应用已在社会经济活动方面展示出巨大的价值和潜力，在电力行业也有成功的应用范例。丹麦的维斯塔斯风力技术集团，通过在世界上最大的超级计算机上部署国际商业机器公司大数据解决方案，进而通过分析包括 PB 量级气象报告、潮汐相位、地理空间、卫星图像等在内的结构化及非结构化的海量数据，优化风力涡轮机布局，提高风电发电效率。这些以前需要数周时间完成的分析工作现在只需不到 1 小时即可完成。美国的 Space-Time 公司 2011 年利用大数据可视化技术为美国加州独立系统运营商设计了一套实时监控电力传输系统能源基础设施的可视化软件 Space-Time Insight，该系统可实时监测 25 000 km 的输电线路状况，可根据发生问题的严重性和邻近地区的反应及时做出决策，保障电网的安全运行。中国国家电网旗下的国网冀北电力有限公司，正在使用智慧风能解决方案来整合可再生能源并入所属电网，通过使用 IBM 风力预测技术，张北项目的第一阶段目标，旨在增加 10%的可再生能源的整合发电量。通过分析提供所需的信息，将使能源电力公司减少风能并网的限制，进而更有效地使用已产出的能源，强化电网的运行。这种大数据的应用实践对中国电力大数据分析展示乃至整个能源相关行业都具有巨大的参考价值。应对大数据处理分析的有效技术方式是云计算技术。

　　云计算是基于互联网的计算存储服务的增加、使用和交付模式，通常涉及通过互联网提供动态、易扩展且通常是虚拟化的资源，是应对当前大数据挑战的有效方式。云是对网络或互联网的一种比喻说法。过去在图中往往用云表示电信网，后来也用于表示互联网和底层基础设施的抽象。云计算可以让用户体验每秒 10 万亿次的运算能力，拥有这么强大的计算能力可以模拟核爆炸、预测气候变化和市场发展趋势。用户通过计算机、笔记本、手机等方式接入数据中心，按自己的需求进行运算。

　　现阶段广为接受的云计算定义是美国国家标准与技术研究院提出的：云计算是一种按使用量付费的模式，这种模式提供可用的、便捷的、按需的网络访问，进入可配置的计算资源共享池（资源包括网络、服务器、存储、应用软件、服务等），这些资源能够被快速提供，只需投入很少的管理工作，或与服务供应商进行很少的交互。当前，被普遍接受的云计算特点如下所述。

　　（1）超大规模

　　"云"具有相当的规模，谷歌云计算已经拥有 100 多万台服务器，亚马逊、IBM、微软、Yahoo 等的"云"均拥有几十万台服务器。企业私有云一般拥有数百上千台服务器。"云"能赋予用户前所未有的计算能力。

　　（2）虚拟化

　　云计算支持用户在任意位置、使用各种终端获取应用服务。所请求的资源来自"云"，而不是固定的有形的实体。应用在"云"中某处运行，但实际上用户无须了解、也不用担心应用运行的具体位置。只需要一台笔记本或者一个手机，就可以通过网络服务实现我们需要的一切，甚至包括超级计算这样的任务。

　　（3）高可靠性

　　"云"使用了数据多副本容错、计算节点同构可互换等措施来保障服务的高可靠性，使用云计算比使用本地计算机可靠。

　　（4）通用性

　　云计算不针对特定的应用，在"云"的支撑下可以构造出千变万化的应用，同一个"云"可以同时支撑不同的应用运行。

（5）高可扩展性

"云"的规模可以动态伸缩，满足应用和用户规模增长的需要。

（6）按需服务

"云"是一个庞大的资源池，可以根据用户的需求进行定制，并且可以像自来水、电、天然气那样提供计量服务。

（7）极其廉价

由于"云"的特殊容错措施，可以采用极其廉价的节点构成云，"云"的自动化集中式管理使大量企业无须负担日益高昂的数据中心管理成本，"云"的通用性使资源的利用率较之传统系统大幅提升，因此用户可以充分享受"云"的低成本优势，经常只要花费几千元、几天时间就能完成以前需要数万元、数月时间才能完成的任务。云计算可以彻底改变人们未来的生活，但同时也要重视环境问题，这样才能真正为人类进步做贡献，而不是简单的技术提升。

（8）潜在的危险性

云计算服务除了提供计算服务，还必然提供了存储服务。但是云计算服务当前被私人机构（企业）所垄断，而它们仅能够提供商业信用。对于政府机构、商业机构（特别是银行这种持有敏感数据的商业机构）选择云计算服务应保持足够的警惕性。一旦商业用户大规模使用私人机构提供的云计算服务，无论其技术优势有多强，都不可避免地让这些私人机构以"数据（信息）"的重要性挟制整个社会。对于信息社会而言，"信息"是至关重要的。另一方面，云计算中的数据对于数据所有者以外的其他用户是保密的，但是对于提供云计算的商业机构而言确实毫无秘密可言。所有这些潜在的危险，是商业机构和政府机构选择云计算服务，特别是国外机构提供的云计算服务时，不得不考虑的一个重要前提。

在智能电网运行过程中，大数据产生于整个系统的各个环节。比如在用电侧方面，随着大量智能电表及智能终端的安装部署，电力公司和用户之间的交互行为迅猛增长，电力公司可以每隔一段时间获取用户的用电信息，从而收集比以往粒度更细的海量电力消费数据，以形成智能电网中用户侧大数据。通过对数据分析，可以更好地理解电力客户的用电行为，进而合理地设计电力需求响应系统和进行短期负荷预测等，从而有利于电网的规划和运行。

在智能电网中，随着高压、特高压电网及配电自动化建设的不断推进，智能化设备及系统应用数量不断增长，电网设备的部署结构与产生的数据日益复杂庞大。一方面，设备的自身状态和外部环境都会影响系统的运行，迫切需要对输变电设备负载能力、运行状态进行动态评估，以降低故障发生概率及相关风险，减少设备运行维护成本，提高设备净资产收益率；另一方面，由于智能输变电设备数量的不断增长，电网中获取与传输的各类数据也在发生几何级数的增长。这些数据不仅包括设备在发生异常时出现的各类故障信号、运行过程中设备的各类状态信息，同时还包含了大量的相关数据，如地理信息、气象、视频图像、设备台账、实验数据与文档等。如何将这些多源异构高维的数据资源进行统一的收集、过滤与处理，并对现有的设备状态检测方案进行优化成为新的挑战。此外，基于因果关系的传统设备状态评价方法着眼点为单一设备和少量异常数据，难以实现对大量"数据资产"的综合有效利用以及面向整个电网的准确状态评估和风险预测。

鉴于大数据在电力系统中出现的场合越来越多，有必要对目前的应用现状和将来的挑战进行总结，为大数据技术在智能电网建设中的应用提供有益的参考。

第二节　智能电网大数据
及其处理技术

一、智能电网中的大数据

电网业务数据大致分为三类：一是电网运行和设备检测或监测数据；二是电力企业营销数据，如交易电价、售电量、用电客户等方面的数据；三是电力企业管理数据。

根据数据的内在结构，这些数据可以进一步细分为结构化数据和非结构化数据。结构化数据主要包括存储在关系数据库中的数据，目前电力系统中的大部分数据是这种形式，随着信息技术的发展，这部分数据增长很快。但由于数据库存储容量的限制，数据会定期更新，一般只存储最新的数据。相对于结构化数据而言，不方便用数据库二维逻辑表表现的数据即称为非结构化数据，主要包括视频监控、图形图像处理等产生的数据等。这部分数据增长非常迅速，IDC 的一项调查报告中指出，企业中 80% 的数据都是非结构化数据，这些数据每年都按指数增长 60%。在电力系统中，非结构化数据在智能电网数据中占据很大的比重，这部分数据增长速度也很快，给电网数据中心的存储造成了很大压力。

结构化数据根据处理时限要求又可以划分为实时数据和准实时数据，比如电网调度、控制需要的数据是实时数据，需要快速而准确地处理；而大量的状态监测数据对实时性要求相对较低，可以作为准实时数据处理。数据依据时限要求的不同可以采取不同的处理方式，比如对实时数据可采用流式内存计算方式，而对准实时数据可以采用批处理方式。

智能电网与传统电网存在很大的不同，具有更高的智能化水平，而实现智能化的前提是对大量的实时状态数据的及时获取和快速分析、处理，目前对智能电网中的大数据的处理，主要表现在以下几个方面。

（1）为了准确、实时获取设备的运行状态信息，采集点越来越多，常规的调度自动化系统含数十万个采集点，要求配用电系统、数据中心达到百万甚至千万级。需要监测的设备数量巨大，每个设备都装有若干传感器，监测装置通过适当的通信通道把这些传感器连接在一起，由变电站的数据收集服务器按照统一的通信标准上传到数据中心，这实际上构成了一个物联网。而物联网的后端采用云计算平台已被认为是未来的发展趋势。智能电网设备物联网同云计算平台的基础设施层互联，进行数据交换。

（2）为了捕获各种状态信息，满足上层应用系统的需求，设备的采样频率越来越高。比如在输变电设备状态监测系统中，为了能对绝缘放电等状态进行诊断，信号的采样频率必须保持在 200 kHz 以上，特高频检测需要吉赫兹的采样率。这样，对于一个智能电网设备监测平台来说，需存储的监测或检测的数据量十分庞大。

（3）为了真实而完整地记录生产运行的每一个细节，完整地反映生产运行过程，要求达到"实时变化采样"，实现对设备的全生命周期管理和实时状态评估。

同时，在智能电网中，大数据产生于电力系统的各个环节。

①发电侧：随着大型发电厂数字化建设的发展，海量的过程数据被保存。这些数据中蕴藏丰富的信息，对于分析生产运行状态、提供控制和优化策略、诊断故障、发现知识和挖掘数据具有重要意义。基于数据驱动的故障诊断方法被提出，利用海量的过程数据，解决以前基于分析的模型方法和基于定性经验知识的监控方法所不能解决的生产过程中所遇到的设备故障诊断、优化配置和评价的问题。另外，为及时准确掌握分布式电源的设备及运行状态，需要对广泛分布的大量分布式能源进行实时监测和控制。为支持优化风机选址，所采集的用于建模的天气数据每天以 80%的速度增长。

②输变电侧：2006 年美国能源部和联邦能源管理委员会建议安装同步相

量监测系统。目前,美国的 100 个相位测量装置(phasor measurement unit, PMU)一天收集 62 亿个数据点,数据量约为 60 GB,而如果监测装置增加到 1 000 套,每天采集的数据点将达到 415 亿个,数据量达到 402 GB。相量监测只是智能电网监控的一小部分,电网中还包括其他大量需要高采样监测的设备。

③用电侧:为了准确获取用户的用电数据,电力公司部署了大量具有双向通信能力的智能电表,这些电表可以每隔五分钟的频率向电网发送实时用电信息。美国太平洋天然气和电力公司每个月从 900 万个智能电表中收集超过 3 TB 的数据。国家电网有限公司也建成了容纳上亿用户的自动化采集系统。

二、智能电网中的大数据处理技术

近年来,大数据已经成为科技界和产业界共同关注的热点。美国政府认为大数据是"未来的新石油",将"大数据研究"上升为国家意志,这一举措对未来的科技与经济发展必将带来深远影响。一个国家拥有数据的规模和运用数据的能力将成为该国综合国力的重要组成部分,对数据的占有和控制也将成为国家间和企业间新的争夺焦点。

目前全球数据的存储和处理能力已远落后于数据的增长幅度。例如,淘宝网每日新增的交易数据达 10 TB;eBay 分析平台日处理数据量高达 100 PB,超过了美国纳斯达克交易所全天的数据处理量;沃尔玛是最早利用大数据分析并因此受益的企业之一,曾创造了"啤酒与尿布"的经典商业案例。现在沃尔玛每小时处理 100 万件交易,将有大约 2.5 PB 的数据存入数据库,此数据量是美国国会图书馆的 167 倍;微软花了 20 年,耗费数百万美元实现的 Office 拼写检查功能,谷歌公司则利用大数据统计分析直接实现。

与大数据在商业及互联网领域的广泛研究和应用相比,对大数据在智能电网建设的研究还有待进一步加强。由于云计算平台具有存储量大、廉价、可靠性高、可扩展性强等优势,但在实时性方面难以保证,故不适合将其用作电网调度自动化系统的主系统，但可将其用作调度自动化系统的后台，也可将其作为智能电网数据中心（营销、管理和设备状态监测）。云平台环境下的通用大数据处理和展现工具正在不断涌现，为减少软件开发工作带来了好处。然而，数据挖掘通常是与具体应用对象相关的，大数据挖掘是一个不小的挑战。如故障录波数据初次筛选等一些基于聚类方法的应用，在面对海量数据时，传统聚类算法在普通计算系统上无法完成。此外，在数据处理面临规模化挑战的同时，数据处理需求的多样化特征逐渐显现。相较于支撑单业务类型的数据处理业务，公共数据处理平台需要处理的大数据涉及在线/离线、线性/非线性、流数据和图数据等多种复杂混合计算方式。笔者接下来将对目前主流的大数据处理技术进行概述，并指出在应对智能电网大数据时这些技术的局限性，进而探讨可能的解决方案。

（一）关系型数据库系统在智能电网中的应用

关系型数据库系统在电力系统中获得了广泛的应用，比如 Oracle 等。关系数据库主要存储结构化数据，能够发挥便捷的数据查询分析能力、严格按照规则快速处理事务的能力、多用户并发访问能力以及保障数据安全的能力。其通过 SQL 语言及强大的数据分析能力以及较高的程序与数据独立性等优点得到广泛应用。

然而随着智能电网建设的加速，数据已远远超出关系型数据库的管理范畴，地理信息系统以及图片、音视频等各种非结构化数据逐渐成为需要存储和处理的海量数据的重要组成部分。面向结构化数据存储的关系型数据库已经不能满足智能电网大数据快速访问、大规模数据分析的需求，主要表现在如下几个方面。

1.数据存储容量有限

关系数据库可以有效处理 TB 级的数据，当数据量达到 PB 级时，目前主流数据库很难处理。为了回避此问题，目前电力企业采用先从"生数据"中提取"熟数据"的存储方式，这样虽然可以减少网络传输和数据库存储的数据量，但不可避免会丢失"生数据"中隐藏的重要信息，如绝缘的放电频谱。

2.关系模型束缚对海量数据的快速访问能力

关系模型是一种按内容访问的模型，即在传统的关系型数据库中，根据列的值来定位相应的行。这种访问模型会在数据访问过程中引入耗时的输入输出，从而影响快速访问的能力。虽然传统的数据库系统可以通过分区的技术（水平分区和垂直分区），来减少查询过程中数据输入输出的次数以缩减响应时间，提高数据处理能力，但是在海量数据的规模下，这种分区所带来的性能改善并不显著。

3.缺乏对非结构化数据的处理能力

传统的关系型数据库对数据的处理只局限于某些数据类型，比如数字、字符、字符串等，对非结构化数据（图片、音频等）的处理能力较低。然而随着用户应用需求的提高、硬件技术的发展和互联网上多媒体交流方式的推广，用户对多媒体处理的要求从简单的存储上升为识别、检索和深入加工，面对日益增长的庞大的声音、图像、视频、E-mail等复杂数据类型的处理需求，传统数据库已显得力不从心。

4.扩展性差

在海量数据背景下，传统数据库存在一个致命弱点，就是其可扩展性差。解决数据库扩展性问题通常有两种方式：向上扩展和向外扩展。面对海量数据处理，通过提升服务器性能进行向上扩展的方式在成本及处理能力方面均不能满足要求，唯一可行的方法就是进行向外扩展。关系数据库管理系统向外扩展的方法是通过对数据库的垂直和水平切割将整个数据库部署到一个集群上，这种方法的优点在于可以采用关系数据库管理系统这种成熟技术，这种做法存在的一个缺点就是关系数据库管理系统是针对特定应用的，对不同的应用采取的切割方法不一样。目前工业监测系统中常采用实时数据库（也属于内存数据库）和内存数据库。然而，内存数据库难以实现智能电网中对大规模设备的监控，其原因主要包括以下几个方面。

第一,内存数据库对事务一致性具有很高的要求,而根据CAP(consistency, availability, partition tolerance)定理,一致性的高要求必然会制约其可扩展性。

第二,扩展能力差使得可用内存容量有限,当数据超出内存可以管理的范围后,性能会急剧下降。

第三,内存数据库主要处理结构化数据,而智能电网系统中,既包括结构化数据,还包含大量的半结构化和非结构化数据。

(二)云计算技术在智能电网中的应用

智能电网中数据量最大的应属于电力设备状态监测数据。状态监测数据不仅包括在线的状态监测数据(时序数据和视频),还包括设备基本信息、实验数据、缺陷记录等,数据量极大,可靠性要求高,实时性要求比企业管理数据要高。

云计算技术在国内电力行业中的应用研究还处于探索阶段,研究内容主要集中在系统构想、实现思路和前景展望等方面。针对智能电网状态监测的特点,可结合 Hadoop,借助虚拟化技术、分布式冗余存储以及基于列存储的数据管理模式存储和管理数据,以保证电网海量状态数据的可靠性及对其的高效管理。为了解决电力系统灾备中心资源利用率低、灾备业务流程复杂等一系列问题,可设计云计算资源管理平台框架和部分模块,帮助电力企业实现对 ERP 数据的备份。有学者初步设计了电力系统仿真云计算中心的系统架构及其所属的层次:基础设施云、数据管理云、仿真计算云等。针对当前智能电网控制中心面临的严峻的挑战,有学者提出物联网和云计算技术结合是新型控制中心的技术支撑。还有学者在实验室中搭建了 Hadoop 云计算平台,设计实现了基于 Hadoop 的电力设备状态监测存储系统,对动态时序数据、静态数据以及视频数据进行了存储、关键字查询与并行处理方面的研究,并对系统进行了测试,验证了云计算平台高可靠性、良好的可扩展性和数据并行访问的性能优势。

在国外,云计算应用目前已用于海量数据的存储和简单处理,已有实现并运行的实际系统。有学者分析了电力系统中不同用户的实时查询需求，设计了用于实时数据流管理的智能电网数据云模型，特别适合将其用来处理智能电网中产生的海量流式数据，同时基于该模型设计了一个实时数据的智能测量与管理系统。Cloudera 公司设计并实施了基于 Hadoop 平台的智能电网在田纳西河流域管理局（Tennessee Valley Authority, TVA）上的项目，帮助美国电网管理了数百 TB 的电源管理单元数据，突显了 Hadoop 高可靠性以及价格低廉等方面的优势；另外，TVA 在该项目基础上开发了 super PDC 项目，并通过 open PDC 项目将其开源，此工作将有利于推动量测数据的大规模分析处理，并可为电网其他时序数据的处理提供通用平台。日本 Kyushu 电力公司使用 Hadoop 云计算平台对海量的电力系统用户消费数据进行快速并行分析，并在该平台基础上开发了各类分布式的批处理应用软件，提高了数据处理的速度和效率。

通过以上对云计算平台在智能电网中的应用的论述，可得出以下结论：现有云计算平台能够符合智能电网监控软件的可靠性和可扩展性的要求，但其在实时性、一致性、数据隐私和安全等方面稍有不足，有待进一步发展。

第三节　电力大数据的
应用模式及云平台

电力大数据下的能源生态系统将为能源企业及相关产业提供一个集数据采集、整理、分析、应用、共享、交易等于一体的平台，为参与方提供信息咨询、节能环保、产品研发、管理支撑等服务，为消费者提供节能降费服务及相关产品。可应用的领域包括智能城市、智能电网、新能源、电动汽车、智能楼宇、智能家电、智能家居、移动终端等一系列相关产业。

一、主要应用模式

目前，电力大数据理念尚处于逐步发展过程中。从国外主要实践案例来看，已初步形成了三类应用模式。

（一）以电力为中心的能源数据综合服务平台

该模式通过建立一个分析与应用平台，集成能源供给、消费、相关技术的各类数据，为包括政府、企业、学校、居民等在内的不同类型参与方提供大数据分析和信息服务。在该模式中，电网企业具有资金、技术、数据资源等方面的优势，具备成为综合服务平台提供方的条件。

典型案例是美国得克萨斯州奥斯汀市实施的以电力为核心的智能城市项目。该项目以智能电网设备为基础，采集了包括智能家电、电动汽车、太阳能光伏等在内的项目详细用电数据以及燃气供水数据，形成一个能源数据的综合服务平台。

该项目已在节能环保、新技术推广、研发测试等方面发挥了重要的平台服务支撑作用。一是在消费者能源管理方面，为居民能源消费、住宅节能、交通出行等提供优化建议，促进节能环保。例如，识别环保住宅的能耗降低比例可达 27%；对居民太阳能电池板安装朝向进行优化，可使发电量增加 49% 等。二是为企业提供电动汽车、智能家电等产品开发与技术测试服务。例如，将电力数据与汽车里程、分时电价、油价数据相结合，可提供电动汽车性能分析、充电站布局优化等服务，并可根据用户习惯确定最佳充电时间。

（二）为智能化节能产品研发提供支撑

该模式主要将电力大数据、信息通信与工业制造技术相结合，通过对能源供给、消费、移动终端等不同数据源的数据进行综合分析，设计开发节能环保产品，为用户提供付费低、能效高的能源使用与生活方式方案。以智能家居产品为例，该模式既可为居民用户提供节能降费服务以及快捷便利的用户体验，也可为能源企业尤其是电力企业改善用户侧需求管理、减少发电装机等方面提供服务。该模式中，电网企业不一定具备产品研发优势，但利用电力数据采集与分析方面的优势，既可通过与设备制造商合作改进用户需求侧管理，也可通过共同研发在产品销售中获取收益。

该模式的典型案例是美国 NEST 公司研发的智能恒温器产品的商业模式。该产品可以通过记录用户的室内温度数据、智能识别用户习惯，将室温调整到最舒适状态。

产品制造商、电力企业、用户三方形成合作共赢的局面。作为产品制造商的 NEST 公司免费获得合作企业提供的部分电力数据，以此完善预测算法，并通过多种方式（恒温器设备、互联网、分析报告）展示分析结果；电力企业在智能恒温器支持下；改进需求侧管理；节约发电装机与调峰成本；用户使用产品自动控制房间温度，并节省用电费用。

（三）面向企业内部的管理决策支撑

电力大数据对能源企业自身同样具有重要价值。通过将能源生产、消费数据与内部智能设备、客户信息、电力运行等数据相结合，可充分挖掘客户行为特征，提高能源需求预测准确性，发现电力消费规律，提升企业运营效率效益。对于电网企业来说，该模式能够提高企业经营决策中所需数据的广度与深度，增强对企业经营发展趋势的洞察力和前瞻性，有效支撑决策管理。

该模式的典型案例是法国电力公司智能电表大数据应用。法国电力公司在筹建大数据研究团队初期，选择将用户负荷曲线作为突破口，对电网运行数据与气象、电力消费数据、用电合同信息等进行实时分析，以更为准确地预测电力需求侧变化，并识别不同客户群的特点，通过优化需求侧管理，改进投资管理与设备检修管理，提升运营效率效益。其中通过优化需求侧管理，电网日负荷率提高至 85%，相当于减少发电容量 1 900 万千瓦。

《关于推进"互联网＋"智慧能源发展的指导意见》提出了发展能源大数据应用新模式，其中包括：积极推动拓展能源大数据采集范围，逐步覆盖电、煤、油、气等能源领域及气象、经济、交通等其他领域；实现能源资源、新能源、电动汽车、储能电站输变电配用电终端用能大数据的集成融合；研究依托国家电网公司构建的国家能源大数据信息中心，逐步实现能源大数据资源的集成和共享；在安全、公平的基础上，以有效监管为前提，打通政府部门、企事业单位之间的数据壁垒，促进各类数据资源整合，提升基于能源统计、分析、预测等业务的时效性和准确度。

二、云平台

云平台就是云计算平台，是指基于硬件的服务，提供计算、网络和存储能力。接下来对目前世界较有影响力的德国 ParStream 云平台和中国远景能源云平台进行简单介绍。

（一）德国 ParStream 云平台

ParStream 成立于 2008 年，是一家来自德国的物联网分析平台公司。ParStream 建立了工业界第一个用来处理物联网中大量、高速数据的分析平台。这个平台将会帮助公司从物联网数据中得到更加及时的反馈、更加透彻的洞察。通过提供更多创新且有效的方式，这个平台能够更快更好地分析数据，从而完成其任务。可再生能源公司可以从其风力发电机、光伏设备以及水力发电机等设备上收集到 TB 级别的实时数据，但由于分析技术的缺陷无法有效利用这些宝贵的资源。而 ParStream 的大数据分析平台可以实现通过远程监控能源设备传感器的实时数据对环境变化作出最优化的决策以提升生产率，并通过将实时数据与历史数据进行对比来最大限度地减少关键能源设备的停机时间。

ParStream 的产品由三部分构成：分析平台、数据库以及分布式分析服务器。ParStream 分析平台是专门为处理海量和高速物联网数据而建造的。该平台通过提供更快、更灵活的数据以及创新和高效的数据分析方法来帮助企业从数据中及时地形成可操作性见解。ParStream 数据库则相当于平台的引擎，它是一个分布式的大规模并行处理不共享数据库。它在不断引入新数据的同时还能够保证对上千亿级别的数据提供秒级的响应时间。传统数据分析是将位于不同位置的传感器数据传回中央数据库进行汇总分析，在大数据时代宽带连接和数据规模的制约使得这种形式的实时大数据分析变得昂贵甚至失效。分布式分析服务器则有效地解决了这一问题，通过将数据库嵌入分布式分析服务器，它可以十分靠近数据源，这样可以显著减少实时大数据分析所需带宽数量和响应时间，节约运营成本。

（二）中国远景能源云平台

中国远景能源是全球领先的智慧能源技术解决方案提供商，包括智慧风场管理服务、智慧风电技术开发、智慧风电资产管理服务、智能电网、储能电池、能源管理系统等。远景能源首创了基于智能传感网和云计算的智慧风场全生命周期管理系统，其实质就是利用物联网、大数据云计算技术，在机组间和风场之间建立有效的互联互通，通过数据采集单元采集数据，然后传递到云端，进行后续的资产管理。目前，远景能源云平台管理着包括美国最大的新能源上市公司 Pattern 能源、美国大西洋电力公司以及中广核集团等在内的 2 000 万千瓦的全球新能源资产。远景是目前全球最大的智慧能源资产管理服务公司。

作为全球领先的智慧能源技术服务提供商，远景能源公司在"2014 北京国际风能大会暨展览会"上发布了"格林威治"云平台。远景"格林威治"云平台与国家超级计算中心强强联手，将超过千万亿次的高性能计算资源引入风力发电行业，实现高精度流体仿真和气象模式，并且以保障风电资产投资经济性指标为最终目标，借助大数据分析和高性能计算技术为客户提供风电场规划、风资源评估、精细化微观选址、低风速风场优化、经济性评价、资产后评估分析等全方位的技术解决方案，帮助客户提高风场实际投资收益 20%以上，并有效控制风场产能设计误差低于 6%，为客户开发风电场规避潜在的不确定性投资风险。它已经成为新能源行业的软件操作系统，进行风电场设备实时集中监控、功率控制和能量管理，每日处理将近 TB 的数据，帮助风电场减少发电量损失 15%以上。

　　寻找风资源的传统做法正被远景能源的"格林威治"云平台颠覆。中广核风电枣庄山亭 300 兆瓦低风速复杂山地风电场，是远景"格林威治"实际测试的首个重点项目。该风电场项目相当于 6 个 50 兆瓦常规项目，位于丘陵地区，该地地形复杂，设计难度较大。"格林威治"通过测试发现了 48 个机位风的负切变问题，而这是最初用传统软件计算时没有发现的一个潜在载荷安全漏洞。远景能源为枣庄山亭风电场配置两种机型，"格林威治"的机组排布引擎可以在 32 秒时间内完成宏观选址规划；在 30 分钟时间内完成高分辨率的流体仿真；在 10 分钟时间内完成支持多机型混排高精度的高度定制优化微观选址。在一个风场设计专业人员的把控下，整个风场设计过程在 1 小时内全部完成。基于"格林威治"云平台规划设计全过程管理，可以将风资源数据误差控制到 0.5%，将机位风资源误差控制到 5%，可以有效规避常见的 12%的发电量评估错误。

　　2015 年远景能源推出阿波罗光伏云平台，旨在帮助投资商进行包括项目发起、开发、建设、运营、资产交易在内的全流程的数据管理。借助大数据平台，与无人机巡检、机器学习等先进技术相结合，进行智能监控、故障诊断、状态运维，为客户提供电站绩效对标、电站健康度体检和损失电量分析等服务，形成资产管理的闭环。阿波罗光伏云平台目前是中国最大的分布式光伏电站管理平台。

第四节　大数据在电力企业中的
应用价值

　　人类从远古进化到现代，能源的每一次进步都带来了生产力的巨大飞跃。如今，能源革命与信息技术革命产生交集，智能电网、新能源的快速发展与移动终端、物联网、云计算的迅速普及，将为各个产业带来巨大的商业价值。电力大数据不仅是大数据技术在电力行业的深入应用，也是电力生产、消费及相关技术革命与大数据理念的深度融合，将加速推进电力及能源产业发展及商业模式创新。

一、提升运营管理水平

　　电力系统是实现电能生产、传输、分配和消费瞬时平衡的复杂大系统。智能电网需进一步实现各类新能源、分布式能源、各种储能系统、电动汽车和用户侧系统的接入，并借助信息通信系统对其进行集成，实施高效的管理和运行。风、光、海洋能等新能源发电的发展和电能生产受到国家政策、激励机制、地理环境和天气状况的影响；分布式能源和电动汽车的发展和接入运行、用户侧系统与电网的互动受社会环境、用户心理的影响；随着智能电网的发展，电网的复杂性和不确定性进一步加剧，不同环节的时空关联性更加密切，使电网的发展和运行受外部因素的影响加大。与此同时，社会对电力供应的经济、安全、可靠性和电能质量等方面提出了更高的要求，智能电网中部署的 WAMS（电网广域监测系统）、AMI 系统、调度自动化系统、PMS（生产管理系统）、输变电设备监控系统等为认识电网特性、预测电网发展和可能的运行风险提供了依据。借助大数据技术，对电网运行的实时数据和历史数据进行深层挖掘分析，可掌握电网的发展和运行规律，优化电网规划设计，实现对电网运行状态的全局掌控和对系统资源的优化控制，提高电网的经济性、安全性和可靠性。基于天气数据、环境数据、输变电设备监控数据，可实现动态定容、提高输电线路利用率，也可提高输变电设备运检效率与运维管理水平；基于 WAMS 数据、调度数据和仿真计算历史数据，分析电网安全稳定性的时空关联特性，建立电网知识库，在电网出现扰动后，快速预测电网的运行稳定性，并及时采取措施，可有效提高电网的安全稳定性。

二、提高用户服务水平

用户端的数据是一个待挖掘的金矿。大数据将各行业的用户、供电服务、发电商、设备厂商汇聚在一个大环境中，促使电网企业感知用户的需求，依据数据的分析来进行运行调度、资源配置决策，并基于分析来匹配服务需求。也就是通过将能源生产、消费数据与内部智能设备、客户信息、电力运行等数据进行结合，充分挖掘客户行为特征，提高能源需求预测准确性，发现电力消费规律，提升企业运营效率。

在智能电网中，用户扮演的角色越来越重要，传统意义上被动的用户正在被主动的"能源生产/消费者"代替。用户系统不仅可对内实现能源的生产和消费管理，并在一定的区域内实现能源交易，还将对外参与需求响应或作为虚拟电站参与调度运行。促进用户与电网的互动是提高大电网灵活性，进而促使其接纳大规模间歇性新能源的有效途径。了解用户用能特性、制定有效的政策和市场机制，是有效激励用户改善能效、参与需求响应、参与需求调度的途径。

根据 AMI 数据（反映用户用能、分布式发电、储能系统和电动汽车的应用信息，参与电网互动信息），结合用户特征数据（住房、收入和社会心理）和社会环境数据（气候、政策激励等），可分析预测用户的能源生产和消费特征，为电网规划和运行方式安排提供参考；也可促进电力需求侧管理，鼓励和促进用户参与需求响应，实现与用户的高效互动，提高用户侧能效水平；改善用户用电体验，提高用户满意度。

三、提供政府决策支持

电网作为载体承载着能源与用能两大主体，它关联着诸多因素。今天的能源政策与机制应超出基于因果关系和条件评估的判断，需要以数据为基础、关联分析为依据的决策。如电价特别是阶梯电价定位，基于综合用能行为数据和生产、生活各因素以及电气设备生产成本等多因素进行数据分析，才能有效地激活各个要素，实现最佳效果。再如新能源、分布式能源、电动汽车、需求响应等技术的大规模实施，不仅取决于技术成熟度和经济性，还取决于能源政策和各种激励机制是否有效。能源政策和机制是否有效，通常并没有普适性，而是应符合本国的实际、符合精准的感知和预测。

当前我国已开启新一轮的电力改革，一系列配套文件正在逐步出台。这些政策和机制是否有利于智能电网发展，应在政策条例的试行阶段进行分析和检验，大数据是最有效的手段。此外，电力与经济发展、社会稳定和群众生活密切相关，电力需求变化能够真实、客观地反映国民经济的发展状况与态势。通过分析用户用电数据和新能源发电数据等信息，电网企业可为政府了解全社会各行业发展状况、布局产业结构、预测经济发展走势提供数据支撑，为相关部门在城市规划建设、推广新能源和电动汽车、促进智能城市发展等方面提供辅助决策。

四、支撑未来电网发展

国家电网公司基于全球能源发展高度，提出了全球能源互联网发展蓝图，以最大化地开发利用新能源，实现能源资源在全球范围的优化配置。未来电网具有长距离、广范围、泛在智能和共享互联的特点，将发生电网运行机制与商业模式的重构。在庞大而广泛的未来电网中，将呈现出电源多样性、遍布性、时移性，负荷移动性、互动性，用能终端大量信息接入，各类管理终端大量介入的特点，要求电网具有柔性和自适应能力，以满足送受端的时空变异性和方式的多重复杂性特点。在这种情况下，依靠传统的状态信号指令无法完成决策，需要复杂的负荷预测分析及实时呈现，需要以大量的、多维的、高密度的数据来支撑预测、预警、机器决策和人工判断。在智能电网向更高阶段发展过程中，地域更加广泛，需基于全球数据实现能源电力大范围内的平衡，以保障电网及其他系统的安全。这就是大数据对电网发展与未来电网目标实现路径的支撑。在能源互联网时代，信息和数据的经营是能源和电力企业的核心竞争力之一。数据挖掘和分析能力至关重要，基于大数据分析，能源电力企业可以做到对消费者的深入洞察，能够以精准的服务和营销来获得科学的管理决策能力，从而使资产效能最大化、污染程度和温室气体排放量最小化。

电力企业已经进入大数据时代。电力企业在以电力大数据为基础的生态系统中占据主导地位，具有十分重要的作用。一方面，新一轮电力市场改革下，电力企业可以摆脱传统的盈利模式，通过挖掘大数据资源增强企业竞争力；另一方面，电力企业通过吸引社会资本及不同主体的参与，共建互利合作的商业环境，发挥电力大数据在智能城市、智能家居中的重要支撑作用，以提升相关企业的科技创新与可持续发展能力。

近年来，大数据在电力领域已经得到了广泛关注。国内的一些专业机构和高校开展了电力大数据理论和技术研究，中国电力行业也在积极开展大数据研究的应用开发，电网企业、发电企业在电力系统各专业领域开展大数据应用实践，国家电网公司启动了多项智能电网大数据应用研究项目。2015 年 5 月 25 日，国网四川省电力公司与腾讯公司在成都签订"互联网＋电网"战略合作协议，双方将以腾讯智能城市为平台，依托国网四川电力的电力智能化服务，结合腾讯在网络社交、云计算、大数据等领域的领先优势，开展全方位、深层次的战略合作。合作项目将整合微信"智能生活"解决方案和四川电力用户大数据资源，实现国网四川电力的智能服务和提质增效；整合腾讯全媒体传播资源来进行国网四川电力服务营销，进而提高工作效率和电网运营水平。

　　智能电网是解决能源安全和环境污染问题的根本途径，是电力系统的必然发展方向。全球能源互联网则是智能电网的高级阶段，"互联网＋智慧能源"进一步丰富了智能电网的内涵。这些新概念均与大数据密切相关，大数据为智能电网的发展和运营提供了全景性视角和综合性分析方法。就物理性质而言，智能电网是能源电力系统与信息通信系统的高度融合；就其规划发展和运营而言，智能电网离不开人的参与，且受到社会环境的影响，所以智能电网也可被看作一个由内、外部数据构成的大数据系统。内部数据由智能电网本身的系统产生，外部数据包括可反映经济、社会、政策、地理环境等影响电网规划和运行的数据。在智能电网的发展过程中，大数据必将发挥越来越重要的作用。

第四章 确保智能电网安全

第一节 确保电网调度自动化系统
网络安全

一、电网调度自动化系统网络安全问题

（一）网络病毒的入侵

在电网调度自动化系统中，网络结构是重要支撑。网络结构与自动化系统的结合，主要依靠网桥机实现。数据传输方式以单项数据类型为主。但是在实际运行处理中，因为网络结构的运行载体为互联网，虽然实现了与外部的实时连接，但是在安全方面却面临很多风险，所以存在接触网络病毒的隐患。计算机网络病毒形式多样，并且主要传输媒介为网络。如果网络结构被病毒入侵，必然会增加网络结构运行风险，并且在网络的运行过程中，会扰乱系统的健康、安全运行，使数据采集、信息处理与传输等功能受损，为后续工作开展带来不利影响。

（二）路由器安全的威胁

电网调度自动化系统网络结构中，路由器是重要组成部分。在路由器的辅助下，网络系统与电网调度自动化系统、不同层次的网元管理系统等及时连接

并进行信息互通。以路由器为媒介，可以随时修改系统设置，并且没有访问限制。如果不能够保证路由器安全，没有设置防范措施，必然会增加电网调度自动化系统被病毒入侵的风险，造成不必要的安全问题与电力损失。

（三）网络结构水平差异大

电网调度自动化系统中的网络体系应用，受到各方面因素的影响，加上我国在这方面的研究正处于涉猎初期，很多研究还在探索阶段，这样一来就会出现不同地区网络结构水平存在差异的情况。尤其是网络结构应用监测方面，其更新速度非常快，若不能及时提高电网调度自动化系统网络水平，必然会造成监测与网络结构运行不协调的现象，为电网调度自动化发展埋下安全隐患。

（四）早期预防手段不到位

电网调度自动化系统网络安全措施虽然在网络结构的渗透逐渐深入，并且在电网调度中的覆盖范围逐渐增加，但是早期并没有过多的安全防护干预，导致电网调度自动化系统网络安全防范体系不成熟，缺乏全面性。早期的安全防御，主要表现出设备物理隔离、系统隔离力度不够的特点，如此就会为网络结构安全防护造成局限性，不能及时将潜在的安全隐患清除掉。尤其是对黑客技术的入侵，早期预防系统毫无招架之力。只有及时认识到这方面的不足，加大探究与革新力度，才能打造更安全、牢固的电网调度自动化系统网络安全防护体系。

二、电网调度自动化系统网络安全防护措施

（一）明确网络安全防护需求与方向

若想提升电网调度自动化系统网络安全性，必须了解网络安全防护的发展需求，并且明确安全防护方向。基于当前的网络安全防护情况，打造更完善的

反病毒防御体系，增加安全防护层次。进一步强化病毒入侵侦测能力，优化防火墙保护体系，有效阻隔病毒入侵。加大防范系统反应检测力度，通过升级检测手段，探索更科学的自动抗击手段，为电网调度自动化系统网络安全防护做好准备工作。

（二）加大网络病毒防范革新力度

在电网调度自动化系统中，对于网络结构的安全防护，需要有超高的防范意识引导与支持。要结合当前的自动化系统网络运行情况，树立正确的防范意识，制定完善的病毒防范策略，发挥防火墙、杀毒软件等的优点。若电网调度自动化系统以及网络结构遭遇病毒入侵，能够做到实时阻隔与彻底打击。避免文件被破坏、电网调度信息被窃取或者丢失，保持自动化系统的正常运行，降低网络运行风险。时刻观察局域网信息传输情况，通过频繁性波动去侦测是否有隐藏病毒，及时发现并处理掉病毒；避免病毒在局域网迅速传播，并且扩散到电网调度其他系统中。

防火墙的设置一直是网络病毒防范的关键问题，同时也是阻隔病毒的屏障。对于电网调度自动化系统网络安全来讲，防火墙可以有效监督局域网运行情况，迅速发现系统安全问题，通过电子手段的辅助，提高电网调度关键数据的安全性。以防火墙的形式，杜绝任何未经允许的登录或者查阅，同时及时对黑客入侵进行防范，保证系统运行与数据资料的安全。

（三）科学制定备份与灾难恢复计划

数据备份对电网调度自动化系统网络安全保障至关重要，也是数据安全存储的关键手段。尤其是电网调度数据库内容，其涉及大量运动控制系统的遥测资料、电网覆盖区域的历史电量、遥信变位情况以及电网其他数据。根据数据库存储情况，以每日为单位设定自动备份功能。利用云端存储的方式，扩大数据存储空间，真正做到任何数据存储设备出现故障，都不会对数据资源等造成影响，并且查询、存储等功能正常运行。备份数据资料的同时，也需要及时备份应用软件。提前将软件版本号等相关信息进行备份，并且在保留源码基础上，还要定期对可执行程序展开安全检测，及时排除病毒等隐患。灾难恢复方面主要体现在硬件设备上，在不可抗力的外部条件影响下，当硬件设备损坏时，需提前设置备用服务器，并且组建备用工作站。一旦硬件损坏或者无法运行，应及时启动备用服务器，将故障停运时间缩减到最短。同时设置自动切换功能，实现常用服务器与备用服务器的无缝衔接。

在增强网络安全防护可靠性的基础上，还要对安全管理规定进行完善，真正实现对网络安全、数据存储、病毒预防等多方面的管理，尤其是各种网络防范技术的应用，应确保其作用正常发挥，这样才能真正实现防护电网调度自动化系统网络安全。网络安全的持久性，需要依靠安全管理来实现，认识到这一点，对电网调度自动化系统网络健康运行十分重要。网络具有双面性、脆弱性特点，网络安全技术的应用依靠安全管理，应积极巩固信息运行系统，借助安全管理了解网络结构中的不安全因素。将备份计划、安全管理计划等贯穿电网调度自动化系统网络运行全过程，如数据备份、安全防护人员管理、技术材料管理以及安全应急处理等。只有规范电网调度自动化系统网络安全管理行为，才能使安全管理风险得到有效排除。

（四）加大反病毒与软件安全性监测力度

反病毒监视手段的落实，是信息化时代下，电网调度自动化系统网络安全防护措施的革新，同时也是应对黑客的网络技术漏洞的有效措施。黑客入侵无时不在，繁杂的病毒形式增加了预防的难度。基于此，积极安装反病毒监视系统，在面对不同病毒的入侵时，电网调度自动化系统才可以应对自如，同时提高电网调度自动化系统安全防范系数，增加黑客入侵难度，从而保障系统自身的安全。软件安全性监测与反病毒监测如出一辙，但是在实际操作上存在一些差别。软件安全性监测的中心为软件本身，通过有效监测去了解软件当前的安全状态，或者增设加密层，提高软件的安全性与保密性，增强软件对于病毒入侵的抵抗力。

（五）保证安全防护措施真正落地

安全防护措施的提出，如果在实际防范中没有真正落地，必然不能发挥出防护作用，不能保证电网调度自动化系统网络安全。加大安全防护措施的实施力度，保证所有防护手段都能得到实施，这是相关工作人员对网络安全监督的主要责任。制定完善的网络安全防护规章制度，从人为角度确保电网调度自动化系统网络安全运行，形成正确的安全防护与操作意识，从而提高电网调度自动化系统网络安全防护能力。

（六）电网调度自动化系统安全运行的维护

1.防火墙在电网调度自动化系统安全运行中的维护设计

防火墙能实现隔离网络的作用，为提供信息安全服务作出保证，在供电企业电网调度自动化系统中是必不可少的。防火墙可以通过软硬件组合形式来实现对系统的维护功能，但从技术角度来看，软件防火墙仅以逻辑形式存在，它是指设置在不同网络（如可信任的企业内部网和不可信的公共网）或网络安全域之间的一系列部件的组合，一般运行于相应系统中，属于应用层程序，这是不符合现代电网调度自动化系统的高实时性需求的。一般来说，电网调度自动化系统会选择硬件防火墙，因为它可以帮助系统直接检查数据报文，丢弃有害数据，提高电网工作效率。目前许多供电企业已经采用了基于硬件的"芯片"级防火墙，它虽然价格相对偏高，但它所采用的是经过特殊设计的硬件平台和支撑软件，还融入了应用代理及包过滤技术，能够实现对系统安全性的高效率保障，同时拥有相当可观的高速吞吐量。

在电网调度自动化系统设计方面，防火墙设置规则很简单，就是检测各个主机之间的发送协议及所要发送的数据包，其中就涵盖了发送对象、数据传输服务及数据传输策略等因素。在设置方面，根据电网调度自动化系统安全区区间的不同，其防火墙配置也有所区别，主要根据生产控制区及管理信息区各自工作机制特性，对防火墙进行有针对性的典型配置，实现有效分区。其总体目标还是确定数据流单向性，确保高安全区域数据不会轻易流向低安全区域，根据不同的电网调度自动化系统，制定不同安全区间防火墙的配置策略。在对该防火墙进行策略配置时，应该将网线断开，因为在确定策略时系统很容易受到外部不良信息机制的入侵。

2.安全隔离装置在电网调度自动化系统安全运行中的维护设计

安全隔离装置通过内部网络非直通技术手段来实现与外部网连接，使内外网形成一种物理隔离状态。良好的安全隔离装置设置可以确保电网调度自动化系统生产控制信息的保密性与完整性，可以为企业控制大区形成专业网络通道，对所有数据进行有效审查，精确辨识来自系统内外部的一切攻击及有效的属性信息的入侵。从专业角度讲，安全隔离装置是具有"信息摆渡"功能特征的，它支持 TCP/IP 协议链接，能够实现协议数据全部剥离包头，只有纯数据能通过隔离带装置不断写入和读取，进而实现信息的安全交换。它也可以形成对数据的非网络传播形式，能够阻断网络之间的链接，以确保内部电力系统始终保持稳定安全运行状态。

第二节　确保配电网自动化系统
网络安全

一、配电网自动化系统网络安全问题

（一）网络环境对配电网自动化系统的影响

当前，配电网自动化需要依靠互联网运行，然而互联网又是一个相对开放的环境，这就使配电网自动化系统的网络安全受到威胁。因为配电网自动化系统的工作需要在网络中进行，所以一些不法分子就会利用网络的开放性对配电网自动化系统的网络进行攻击，比如远程木马病毒攻击，这种攻击方式给系统网络带来的危害是长久的，虽然在前期工作过程中看不出任何端倪，但是当木马病毒掌握了一定数据后，就会对系统网络进行攻击，轻则使配电网自动化系统重启，部分文件被木马病毒删除；重则就会导致系统瘫痪，无法正常工作，给电力部门以及配电网自动化系统带来威胁，造成不可估量的经济损失。

（二）网络物理防护欠缺带来的威胁

导致配电网自动化系统网络出现安全风险的一个原因是系统网络物理防护机制的欠缺。配电网自动化系统是在网络上进行工作的，并且管理系统的验证方式也较落后，这就导致一些不法分子可以轻易地进入管理系统，对配电网自动化系统进行破坏，甚至还可以随意修改系统数据，使配电网自动化系统瘫痪，给电力部门的工作带来严重影响。因此，电力部门一定要重视网络物理防护机制的建立，避免不法分子通过管理系统对网络进行破坏。

二、配电网自动化系统网络安全防护措施

配电网作为电力系统的重要组成部分经常会遭受到各种攻击，其中，分布式拒绝服务（distributed denial of service, DDOS）攻击和挑战黑洞（challenge collapsar, CC）攻击是最为常见的攻击方式。最常见的 DDOS 攻击有 SYN 风暴和 Smurf 攻击，DDOS 攻击会以极大的信息量冲击网络，导致网络中的带宽都被消耗殆尽，也会通过建立大量的"半连接"来冲击网络，使 IP 地址之间不能正常连接；CC 攻击的攻击方式则是攻击者控制主机发送大量数据包给对方服务器，造成对方服务器资源耗尽，无法进行正常的服务。因此，建立安全的配电网局域网系统结构是保证配电网自动化系统安全运行的基础和根本。

（一）建立 Nginx＋Zabbix 的框架结构管理

Nginx 反向代理及访问控制的配置充当反向代理的角色，用于隐藏真实 IP，并实现访问控制，进而抵抗 CC 攻击。Zabbix 是基于 Web 界面提供分布式系统监视以及网络监视功能的企业级开源解决方案。Zabbix 监控部署可实现实时流量监控。Nginx 反向代理、Zabbix 实时监控二者结合使得系统充分实现隐藏服务器真实 IP、访问控制及负载均衡的功能。利用 NFS 实现 MariaDB 数据库远程挂载，在网站数据出现问题后可以快速有效地进行安全恢复。搭建最新的云锁、安全狗设备来保障网站的安全性，同时定期使用最新的安全扫描器比如 X-scan 和 Super-Scan 对服务器主机和 Web 网站进行扫描以检查是否存在最新的漏洞，做到全面安全防护。

（二）建立以防火墙为核心的安全网络体系

防火墙作为最重要的网络安全防护设备，起到了物理上的逻辑隔离作用，它是整个网络安全防护的第一道大门，但它也存在诸多不足，比如"防外不防内"，它认为内部网络值得信任，非常安全，但 80％以上的攻击反而是来自内

部网络，因此在配电网自动化系统中建议选择分布式防火墙。分布式防火墙分为网络防火墙、主机防火墙、中心管理 3 个部分，网络防火墙（传统防火墙）、主机防火墙用来解决来自内部的攻击，增强内部攻击的安全性，对桌面机以及移动便携主机进行保护。管理中心统一对日志进行汇总和分析。防火墙也可以配合入侵检测系统对网络进行动态监护，比如 BlackICE 和"冰之眼"都是不错的选择。入侵检测系统检测到入侵后告诉防火墙在系统访问控制列表中加一条规则，阻止黑客入侵。防火墙也可以与反病毒软件联动，可以将防火墙安放在开放式系统互联通信参考模型的数据链路层和网络层之间，从源头对 IP 数据包进行切断，还可以配合认证系统、审计系统，全面保障配电网自动化系统的安全性。

数据加密机制对保证电力数据在传输过程中的安全性也是极其重要的。可以采用 Hash 加密中的数据加密标准算法进行 64 位的 Hash 加密，保证数据包传送过程中的安全，以及使用一些安全加密软件，使加密过程更加高效、便捷。

（三）提升网络物理防护措施

在配电网自动化系统中，应在原有系统中建立安全接入区，由接入数据交换系统实现公网与主站的隔离；同时对终端的安全接入进行控制与数据过滤，通过安全接入网关对设备之间的通信以及参数进行签名，实现终端设备对应用层系统的身份鉴别与报文内容的保护。部署可信、安全的接入网关——配电网主站前置机，解决传统防护设备（如防火墙）由于软件系统或网络协议漏洞被劫持后变成跳板进一步入侵前置机反控大量配电终端的问题。鉴于配电网自动化系统中的终端具有多样性，在网络安全防护的基础上，要提升网络物理防护机制。在登录管理系统中，同时设定管理员账号及动态登录密码，或建立生物登录系统，如面部认证登录、指纹识别登录等，这样不仅可以提升网络安全系数，而且有效避免了不法人员破解账号密码、攻击配电网自动化系统的事故发生。

（四）串联加密认证设备

配电网终端具有多样性，终端数据通信的方式存在差异性，且扩容性不强，针对配电网终端实际运行情况，可通过通信过程中的串联终端加密认证设备，在通信方式多样、厂家多样、型号多样的终端通信系统中，利用终端加密认证设备，进行各通信方式的认证及安全屏蔽防护，尤其若是在电力物联网新的自动控制需求下，采用上述技术措施，在感知层的配电终端和网络层之间串接加密认证设备，可更好地满足各类通信方式连接的配电终端的电力供应自动化控制要求。

第三节　确保电网企业网络安全

一、电网企业网络安全问题

电网企业面临的主要安全风险包括：

（一）安全意识薄弱

安全意识薄弱的问题包括一般员工安全意识薄弱和信息系统相关管理人员安全意识薄弱两个方面。一般员工安全意识薄弱主要体现在容易轻信不明邮件、不明程序、不明链接等社会工程攻击。2015 年的乌克兰电网攻击事件的起源就是内部员工误点了一封伪造的恶意邮件。信息系统相关管理人员安全意识薄弱主要体现在迷信隔离、没有严格执行相关网络安全管理规定等。攻防渗透测试显示，物理隔离防线可能通过跨网等手段被入侵。

（二）物理攻击

电网企业有大量的配电网终端，这些终端分布在广袤的管辖区域内，还有很多配置在无人区内，而电网企业人力有限，难以进行有效的物理访问控制，很容易被攻击者通过物理途径进行破坏或者控制。

（三）远程终端伪造或控制

电力监控系统包括主站和远程终端2个部分。主站从远程终端采集数据，向远程终端下达操作指令。远程终端采集各类电力数据传送至主站，执行操作指令。现有的终端在设计的时候缺乏网络安全考量，缺少安全防护机制，尤其是缺少严格的双向身份认证机制，存在被控制或者伪造的安全风险，攻击者可以通过控制终端或者伪造终端向主站发送恶意代码从而入侵电力监控系统。

（四）跨区互联

跨区互联是目前电网企业网络安全面临的最为严重的安全风险。由于便利性等各种原因，电网企业运维管理人员存在从安全级别低的分区跨区连接到安全级别高的分区进行运维的情况，存在严重的安全隐患，极易被攻击者利用而破坏物理隔离防线。另外，为了更好地进行差异化重点防护，电力监控系统不同功能模块可能分布在多个不同级别的安全分区内，这些功能模块相互间会进行互联通信，如果这些通信在实现时未严格遵循相关安全规范，也可能成为攻击者入侵的跳板。

（五）配置不当

近年来能源局及其他上级单位通报的信息安全问题显示，信息基础设施、信息系统等配置不当已经成为电力行业网络安全的重大安全隐患，几乎所有信息安全检查都能发现相关问题。配置不当主要体现在两个方面：一是信息系统及相关设施配置不当，存在弱口令、默认口令、未删除测试页面等问题；二是信息安全设备配置不当，包括防火墙规则、入侵检测设备防护规则、审计设备审计报警规则等。配置不当使得大量的安全设备成为摆设，被部署在各个关键网络节点处，但没有真正起到防护的效果。

（六）分布式拒绝服务攻击

移动、联通、电信等运营商开展多次 DDOS 攻击测试演练，演练结果显示，大多数企业目前的安全防护设备，包括防火墙、入侵防御系统、入侵检测系统甚至是专业的抗 DDOS 设备，对大流量 DDOS 攻击的防护能力非常有限，一旦攻击者向网络出口发送大量雪崩数据，就很可能导致电力监控系统崩溃，甚至造成严重的生产安全事故。

（七）信息产品源代码存在缺陷

从"斯诺登事件"以来，不断有相关信息产品被曝光存在后门缺陷，这些后门缺陷有的是开发实施过程中不小心遗留下来的，有的干脆是某些企业甚至国家的有组织、有计划的行为，已经严重危及电力企业的信息产品供应链安全，造成严重的安全隐患。如果电力监控网络中存在留有后门缺陷的信息产品，那么电力攻击事件有可能会重演，甚至造成更加严重的影响。

二、电网企业网络安全问题防护措施

针对电网企业存在的主要安全风险，可以尝试从安全技术和安全管理两个方面探索降低乃至消除风险的措施和方案。

（一）安全技术措施

在安全技术方面，可基于电力行业基本的"分区分域、纵深防御"防护策略，加强横向边界安全防护、纵向边界安全防护和综合安全防护，逐层设防，形成立体的纵深防御技术体系。

1.横向边界安全防护

横向边界包括办公网络与互联网边界、办公网络与工控网络及其他网络区域边界。办公网络与互联网边界通过防火墙进行访问控制，根据访问控制策略设置访问控制规则，除允许通信外默认拒绝所有通信。办公网络与工控网络边界通过正反向的高强度隔离装置进行物理隔离，只允许单向数据传输，严禁越过隔离装置进行跨区访问。工控网络内部进一步进行划分区域管理，部署工业防火墙，实现逻辑隔离、访问控制等防护措施，阻止越权访问、非法入侵和病毒扩散等安全事件。

2.纵向边界安全防护

纵向边界采用具有双向认证、访问控制和数据加密功能的纵向加密认证装置，实现服务器、终端之间的双向认证，从技术措施上防止终端伪造或终端控制。

3.综合安全防护

（1）加强终端安全。针对现有终端安全性较差的问题，结合电力行业相关安全基线要求，采用可信技术等技术措施对终端进行安全加固，实现系统运行过程中重要程序或文件的完整性检测，一旦检测到破坏立即进行报警和阻断。

（2）加强物理安全。远程终端应设置在具有物理访问控制能力的建筑或机房中，应具有物理破坏的检测功能和报警功能，一旦检测到破坏立即向服务器发送报警信息，由服务器端暂停该终端的相关资格，避免其被控制后成为攻击电力网络行为的跳板。

（3）网络行为感知。采取技术措施对网络中的流量进行感知，分析网络行为，重点检测和限制跨区访问行为，避免攻击者攻破低安全区域后以之为跳板攻击更高安全级别的安全区域。

（二）安全管理措施

1.信息产品供应链管控

根据《网络安全审查办法》等相关标准要求，建立信息产品和服务供应链生命周期管控机制，重点加强信息产品在上线前的安全测评，拒绝带有病毒的信息产品上线运行。

2.移动介质安全管控

加强移动介质安全管控，建立相关管理制度，对所有移动介质进行集中注册和管理，建立终端的统一安全策略，禁止未注册的移动介质的识别和使用。同时，对移动介质的使用、维修、退役建立全生命周期管控，确保没有企业秘密数据的遗留或泄露。

3.网络安全意识教育

加强全员网络安全意识教育和培训，通过宣传海报、动画、攻防演练等多种形式调动员工学习网络安全知识的兴趣和热情。加强信息系统相关管理人员的网络安全意识。尤其是在《中华人民共和国网络安全法》颁布之后，关键基础设施的安全事件可以追责到个人，尤其要注意加强网络安全法普法宣传，增强相关管理人员的安全责任意识。

第五章　电网大数据全生命周期管理体系

第一节　大数据全生命周期中的关键问题

一、大数据全生命周期中的压缩存储模型

（一）分析分类

在信息化和网络化发展的过程当中会产生大量的数据，这些数据有的具有较高的价值，而有的则是一些会产生不利影响的劣质数据。例如，全球一千强企业在发展和经营的过程中，大约有四分之一以上的企业内部的信息系统当中的数据存在问题，其中不正确或者不准确的数据相对较多。而在利用大数据进行管理和研究的过程中，这些劣质数据将会对最终的统计结果造成严重的不良影响。因此，为了全面提高数据的准确性和价值，相关人员就需要对数据进行提取、转换、加载等一系列数据清洗操作。根据数据的不同性质和类型对其进行划分，可以将其分为非结构化数据、半结构化数据、结构化数据等，这些数据都具有较为显著的多样性体征，并且数据的来源十分广泛。一般情况下，在对非结构化数据和半结构化数据进行储存的过程中，对数据信息进行整理之后以结构化的方式进行保存，通常是利用二进制大对象或者文件目录等形式。

为了能够更好地对大数据进行有效的管理，相关人员通常将统计领域划分为世界经济、国际电力、国民经济、电力能源、公司生产等，而这些数据的来源大多数是通过世界银行、能源网站、国家统计局、中国电力企业联合会、国家电网规划信息管理平台等相关机构和部门获得的。而根据数据的作用域和统计口径对其进行划分，可以分别将其划分为五个大类，然后再对这些数据进行标准化、规范化的统一划分，能将其细分为 17 个小类，通过对其进行有效的调整和控制之后能够构建较为完善的统一指标体系。

（二）改进矩阵

通常情况下，相关人员用矩阵的形式将大数据的挖掘结果都表现出来，但在表现过程当中往往存在数据质量低劣、情况不够客观、数据缺失等一系列问题，从而使得展示的矩阵数据接近稀疏矩阵或者成为稀疏矩阵。而对这些矩阵数据进行储存时，通常选择对角压缩法、列压缩法、行压缩法、三元法等方式。例如，以三元法来对数据进行统计，通常用 $m \times 3$ 来表示矩阵存储空间，其中 m 表示不等于 0 的所有元素，也可以根据实际的情况将其引申为空元素。在利用三列队数据进行标识的过程当中，需要分别表示出原数值、所在行列、所在列数等具体内容。利用这种方法来对数据进行处理，能够使行列的矩阵保持在较为稳定的范围之内，同时也能最大限度地节省数据储存的空间，从而使得同等空间内的数据储存量能够大幅度提升。而利用其他的要素算法对数据进行储存时，也需要按照相关的要求表示相关的矩阵。

而在报表的实际使用过程当中，由于数据的指标、维度、分类分组等方面存在较大的差异，因此不能够满足保持固定列数的要求，转化表示的过程当中存在较为严重的行列转置问题，这使得压缩存储法在建立报表过程当中的使用效率大幅度降低。在此情况下，相关人员就需要对稀疏矩阵进行有效的改进和创新，在充分地以稀疏矩阵存储为基础的前提下不断提高大数据的压缩存储水平。在进行大数据存储模型的构建过程当中，相关人员可以根据统计需求对大数据进行详细的分组，然后对指标、级别、单位、分组等数据进行进一步的分析。

（三）存储效果

通过有效的组合关系确定了唯一一条数据及其对应关系，在存储和统计的过程当中只要该数据保持恒定不变，无论矩阵的形式和展示方式发生任何变化，相关的组合关系也不会发生任何变化。这也就意味着，在存储的过程当中始终只需要存储一条记录数据，即便对数据进行相应的更新也不会使得存储空间增加。将这种存储方法应用在非稀疏矩阵的存储过程当中，也能有效地节省数据的存储空间。另外，这种组合关系和数据彼此存在一一对应的联系，因此能够有效地解决海量页面当中由储存大量重复数据而造成的空间浪费问题，从而使得整体的储存效率和储存质量能够得到大幅度提升。除此之外，在对数据进行有效的维护过程当中，也只需要对存储的一条记录数据进行维护即可，同时还能够最大限度地避免数据存储过程当中出现数值不一致的现象。进而最大限度地提升了数据存储的科学性和准确性，还能够有效地解决大数据存储难以维护等一系列问题。

二、大数据全生命周期中的数据处理缓存机制

（一）设计算法

大数据虽然能为人们提供海量数据的查询服务，并且能对海量数据进行储存，但是，提供海量信息的过程当中会大大增加操作的难度。在这样的情况下，相关的人员想要全面提升数据的访问速度和大数据的处理速度，就必须全面加强对数据处理缓存机制的有效研究，并通过一系列有效的方法和手段不断地提高系统的换乘效率。在进行计算方法的选择时，可以有效地引进字节延迟概念，并且根据实际的具体的延迟情况建立较为完善的评价机制，然后应用最小延迟

代价方法替换原有的算法。也可以根据访问数据的大小和对象频率来进行有效的自荐命中率最小的对象的选择，并且对其进行缓存替换的相关操作。想要实现对缓存数据当中的元数据的有效管理，可以通过细粒度方法来实现。这样不仅能够最大限度地提高混合存储器和随机存取存储器的拓展性等各方面性能，还可以使相关人员利用热负荷随机变化的特征，有效地将热度低、顺序性强和随机性强、热度高的数据分别储存在磁盘或者固态硬盘上。在实际的存储方法使用过程当中，不同的存储模式都具有其独特优越性，但是也存在着替换算法缺乏动态性和适应性不强等一系列问题。用户在进行数据查询的过程当中，通常会在一段时间内对某一类型的主题分类数据进行查询，这时就可以在缓存替换策略当中有效地提高用户参与度。在用户进行第一次访问的过程当中根据数据的关联性，对主题数据进行有效的抽取，然后按照缓存算法的相关要求将其缓存成 DataSet（数据集），并能够根据实际的查询和使用情况，科学地将其数量上限设置为 LimitMax。利用这种缓存算法能够有效地提升缓存空间当中所储存数据的查询命中率，从而实现以 Web 应用技术为基础的高效数据访问。

（二）缓存效果

在实际的操作过程中，为了能够更好地完成相关分级数据的缓存，相关人员可以将数据组成目标数据或者数据关键信息，然后将其有效地应用在特定的条件结果集当中。例如，在对某月度数据缓存信息进行管理时，可以有效地将分类数据集和缓存 DataSet 的最大数值的比值，控制在 5000∶1 左右，而在对年度的相关缓存数据进行管理时，可以将分类数据集和缓存 DataSet 的最大数值的比值设置为 420∶1。这样能够最大限度地提升缓存的输入和输出效率，以确保一百万每秒的数据访问量的最长响应时间低于 0.9 秒。另外，将这种缓存方法应用在非结构化数据的缓存处理时，由于大数据的数据量基数和聚类分组的数量大幅度增加，整体的完成效果将会得到显著提升。

三、大数据挖掘中动态可配置的应用

为了使用户获得更好的体验，在大数据挖掘的过程中采用了一种设计方法，这种方法能够在程序运行中自动地配置挖掘后展现的用户界面。有许多的优秀研究成果已经出现在动态配置领域，在动态配置运行的过程中能够很好地解决以下问题：①配置的模型巨大，导致了人工配置的难度增加；②一般只有不烦琐的数据录入表单才能被配置方法应用。

为了解决在查询数据时许多页面的动态生成问题，制定了以动态可配置为基础的方法。依据现如今存在的指标分组及分类的特点，构建出查询 UI 模型，这个模型是可以配置的，从而可以实现动态展现查询的结果和维度查询条件的灵活设置。动态配置指的是按照维度、分组和指标分别建立起各自的对应关系，关系建立完毕之后，在对每个分类进行大数据挖掘的时候，依照已经配置完毕的分类所需要的维度和指标来进行展示。

四、统一数据资源库中的应用

大数据的提出是为了更好地造福人民，所以研究大数据始终不能脱离应用。2014 年，国家电网有限公司正式发布统计"一库三中心"，所谓"一库"指的是统一数据资源库，"三中心"指的是数理分析中心、辅助决策中心和统计发布中心。这"一库"的作用在于它能够提供和收集资源数据；"三中心"的作用可以归为：对获得的数据进行分析，对得到的数据进行决策以及应用、提供统计数据。

规划平台等数据源为统一数据资源库提供了许多数据，资源库通过 ETL 技术对所获得的数据进行筛选，剔除劣质数据。当得到了想要的目标大数据后再对这些数据进行分类分析。在对数据进行处理的过程中，依照现有的挖掘条件建立缓存模型，而后将查询结果和缓存模型组成 DataSet 缓存起来。以后的操作会在缓存的 DataSet 上进行，将不会再把统一数据资源库当作基础。由于数据挖掘这项工作的灵活性不高，所以为了增强它的灵活性，系统可以配置如图表展现方案、查询条件、转置模型配置、维度、行列表头等挖掘条件。最后利用 Web Service（一种应用程序）实现数理分析中心、辅助决策中心、统计发布中心与统一数据资源库之间的数据推送和提取。

第二节　电网大数据全生命周期管理
建设原则、管理目标

一、电网大数据全生命周期管理建设原则

数据生命周期是信息现代化建设蓝图中不可或缺的重要组成部分，它与信息系统的生命周期紧密相连，又有本质的区别，信息系统是生产和制造数据的平台，数据依托信息系统应运而生，经历数据创建、保护、访问、迁移、归档、销毁等过程，它有可能在信息系统的生命周期内经历多个阶段，但也有可能在信息系统剩余的生命周期结束时，依然需要长期保存，比如涉及资金、客户类的数据，它们是会计档案的一种凭证，不能在信息系统停止使用后被销毁。因此，在对数据生命周期进行规划时，一定要认清数据代表的业务本质，参照外部监管规定和内部管理要求，与业务需求和新系统建设同步规划，形成不同信息系统的数据生命周期管理策略。

通过完整的数据生命周期管理解决方案，可以让价值不同及访问频率不同

的数据存放在合适的存储设备上，采用适当的技术措施对这些数据进行处理和利用。这样，用户可以提高现有数据存储介质的利用率，同时利用自动化的数据管理技术实现数据的自动管理和自动迁移，提高 IT 投资性价比，减少公司的 IT 投入成本，满足电网各项业务的数据保管需求和外部监管部门的法规要求。

为加强数据管理，提高数据使用质量，公司成立运监中心，主要负责数据全生命周期管理阶段的各项事务，其基本原则包含以下三个方面：

（一）信息整合，互通互联

统筹规划各部门各种业务数据在创建、保护、访问、迁移、归档、销毁等环节的规范性，特别是对涉及多个部门需要共享的数据制定统一的采集与存储标准，根据访问频次和数据的重要程度，实现数据分级存储。同时，制定规范的访问策略，保证公司内部数据能够高效整合，使公司各部门相关数据能够互通互用。

（二）实时感知，动态跟踪

依靠海量的业务数据，利用大数据分析技术对各业务的实时运行情况进行动态跟踪，实时感知电网系统的运行状态是否存在异常，并能够根据当前数据和状态，预测短时间内系统的运行状态和可能存在的风险。

（三）智能分析，科学管理

融合多个部门多种业务数据，通过关联规则挖掘分析各业务之间的关系，协同业务链条式交互发展；以数据分析为依据，检测各部门的运营情况是否合理，对不合理的业务流程给予规范化修改意见；通过聚集多部门业务数据，深入挖掘潜在的业务模式和商业价值。

二、电网大数据全生命周期管理目标

运监中心是数据资产管理的归口部门，负责数据资产的统一规范管理，组织制定公司数据资产发展战略，审核专业数据资产发展规划，组织大数据挖掘和大数据关键技术研究，其主要目标可以概括为以下五个方面：

（一）用数据感知

指数感知：各部门依据各自业务的重要程度和安全等级，制定合理的评估指数，利用大数据分析技术，实时监测计算业务阈值指数，如果监控指数超过警戒阈值，则向运监中心发出警报，以便及时处理电网中存在的不安全因素。

态势感知：电网态势感知主要依据海量数据分析，来准确了解与掌握电网的安全态势和短期的状态转变趋势，从而采取科学的方式进行管理，以提高电网运行的安全等级。电网态势感知是掌握电网运行轨迹的关键技术，了解电网的实际运行状况，一旦电网运行中发生故障等不良现象，能够第一时间采取有效措施加以应对。

画像感知：将搜集的内、外部数据进行融合后可以从中提取出用户画像、企业画像、设备画像等，这些画像可以用于精细化的业务处理，比如根据企业画像，可以了解相关企业的主要业务、用电需求及特点，针对不同的需求和特点进行精准业务推荐。

（二）用数据说话

数据是公司运营的主要资产之一，是业务运行的直接产物，也是各项业务的真实写照。通过对各业务部门的历史数据进行统计分析，可以了解一个部门的实际运营情况。通过对业务运行流程的监控，能够发现业务执行过程中存在的问题，所有的论断都应该归结到数据分析的结果上，让数据成为评判的标准。

（三）用数据决策

数据具有真实性和客观性的特点。与人类的主观性相比，利用大数据分析进行的辅助决策比人类主观决策更具有科学性。比如，电动汽车充电桩建设，结合交管部门的电动汽车行驶轨迹和某片区的电动汽车分布情况，可以通过数据分析为充电桩建设选址提供辅助决策支持，这样可以大大减少由人为的主观性带来的误差。

（四）用数据管理

结合多个部门相关的业务数据，联动分析某些业务执行流程存在的弊端，提出整改意见，优化业务流程，通过聚集多部门业务数据分析实现对人员、设备、业务流程和系统的智能精细化管理。实现电力行业以数据为依据、以分析挖掘为手段的智能管理。

（五）用数据创新

海量的多源数据中，往往隐藏着人类不易直接发现的知识和价值，通过数据融合与技术集成，将公司不同部门的数据融合之后，使用多种大数据处理手段对这些融合后的数据进行深入分析挖掘，可以发现更加节约成本的新模式和新业务。

第三节　全生命周期管理的
电力企业数据治理技术

一、部署三大数据技术支撑平台

在加强电企有关数据治理的工作中，应科学地安排海量准实时数据中心、非架构优化数据中心、结构化数据中心，在现实工作开展时把信息资源池视为关键技术支撑，将各层面应用程序的信息资源加以汇总，改变各信息程序、各口径信息隔离状况，而且利用规范的信息管理系统进行数据的传播。

通过在实践工作中部署有关的结构化数据中心，可储存每个业务板块中比较关键的结构化业务信息，而且利用横向系统集成体系与纵向信息获取体系，从二级信息中心和每个业务系统中提取有关的信息，而且把这些信息按照相应的类别进行储存和编辑，供各部门和各业务系统使用。

通过设立非结构化数据中心，可以给每个接入业务应用程序提供非结构化文档的储存与管控服务，为结构化信息的编辑创造条件，使得非结构化信息中心可以在实际工作开展过程中对结构化信息中心的信息库形成的决策信息加以有效吸收，并且在实际运行的过程中由决策和日常办公形成的需要产生各种辅助性的文档，通过这样的实际工作来提高整体企业办公的效率。在非结构化数据中心部署完成之后，便能在大范围内使公司非结构化数据的集中存储和管理得到实现，并且能够开发出一系列针对非结构化数据的公共基础服务，初步实现对于非结构化数据的统一利用。

建立电企内部有关的海量实时信息管控系统，建立数据系统，可以让信息的集中表现与数据互享得以快速发展，满足持续变动的业务发展需求。构建电力公司的实时信息系统是海量实时数据管控系统的核心效能，在之后的工作中就可以实现历史数据和实时数据的统一管理，使得跨部门、跨专业的实时数据应用获得可靠的数据支撑，在保证数据安全访问的过程中实现企业内部各种应用系统对于实际问题情况的快速部署，以此来增强企业的综合管理能力。

二、进行规范的全业务数据资源管理

在企业实际运行的过程中，各项工作的进行都需要分析和参考不同方面和模块的数据，并由此进行决策。因此，为了企业能够更好地进行业务数据的规划，更好地满足各个业务口径具体的数据需求以及提供具体的数据供应方式，真正地实现数据的合理利用和最大化利用，国内许多电力企业都根据数据需求以及数据全生命周期的管理这两个方面的实际情况，积极地开展了基于业务数据的规划工作。

在进行企业业务数据的设计规划时，业务数据需求的管理工作是其他工作的前提，因此在整体业务开展之前首先应该对其进行专门的管理和规划。针对各个业务的主要管理任务，应该就数据需求的产生、定义、获取、排重等问题进行重点管理，而且在重要的管理活动、各职能组织的具体管理活动中建立一套科学规范的信息需求管控体系。在业务数据谋划活动中，业务数据发挥着不容忽视的作用，业务数据需求管控最重要因素是关键数据清单，而在该清单中包括的数据在概念层与逻辑层得到映射。依据上文的表述可以得知，在业务信息管控过程中，工作的核心便是依据每个业务口径的实际需要，确定有关的数据需求，而且依据汇总的剖析结果，实行有关的调节，处理在信息使用过程中有关的冲突，基于此汇总所有职能组织间的业务信息需求，而且针对每个业务口径，依据业务信息需求提供有关的信息服务，让信息使用人员拥有相应的权限，且能够集中部署。

除了上文所表述的各种问题，还应当结合真正的管理情况开展好信息的全生命周期管控工作。在电企的数据生命周期中，比较关键的任务包含信息搜集、信息转换、信息储存、信息分发、信息运用与信息删除等。总体业务数据需求管控的根基是数据生命周期管理，其以业务管理核心任务为中心，结合数据生命周期的具体过程，确定科学的管理战略和管理准则，用来保证业务数据需求落到实处。为此数据生命周期管理既包括了数据总体管控，又包含了各个数据的实际处理方式。

三、制定执行数据管理标准

一般的状况下，电企数据标准管控大多是利用标准编制与标准实施来实现的。数据标准编制是指基于行业监督与标准单位所确定的数据标准，是一种在借鉴了有关的业务口径后运用于内部的特殊数据概念。在数据标准的总体决策环节，应当全面考量外部监管或企业发展的需求，然后集中搜集与梳理，且上交本部门数据定义需求。然而数据管控单位的任务是搜集各职能组织所上交的数据标准概念，评判其和现有有关文件是否重复；对于不需要进行权威阐释的部分数据标准定义，则可以结束相应的流程，如果对于一些与权威解释不同的地方，则进行相应的更改。在数据的具体执行阶段，数据使用方应该根据所制定的数据使用标准，严格地进行操作，就实际的各类企业内部规范进行工作的落实，而数据管理方则应该负责正式颁布相关的规定进行管理。

四、开展数据资源质量监控

电力企业在开展整个企业的综合数据治理时，应该详细地针对实际数据在整个数据生命周期各个阶段的特性，认真排查各类数据的质量问题，并且不断地进行改进，提高数据的商业化价值。在平常工作过程中，数据质量控制应当利用各职能组织间的协调机制，构建一个数据管控体系，通过减小由数据质量不达标而造成的业务风险，来满足业务剖析与管理战略制定的需求。

五、建立企业数据分析能力中心

在当前的经济发展形势下，国内的各大电力企业都应该积极地从企业各个层面，不断地就实际运行情况调整信息化数据分析资源分配模式，并且以此来建立符合自身发展情况的数据分析能力中心，在目前有限的资源配给下最大程度地让各个部门能够共享企业内部的数据分析成果。除此之外还应该积极地寻求内外部的专业帮助，来共同组建数据分析能力中心，让其能够在常规的运行情况下开展整个企业级的数据中心规划，并且能够操作执行数据的抽取、存储以及分发流程，并集中管理大数据。

第四节　基于全生命周期管理的
微电网设备管理系统

微电网是指由分布式电源、储能装置、能量转换装置、负荷、监控和保护装置等组成的小型发配电系统。微电网的使用可以有效地减小公共电网的负荷，起到削峰填谷的作用。随着微电网应用的不断扩展，其带来的运维管理问题也显得愈加重要。

一、微电网设备管理模型的构建

基于全生命周期管理的微电网设备管理结构如图 5-1 所示。

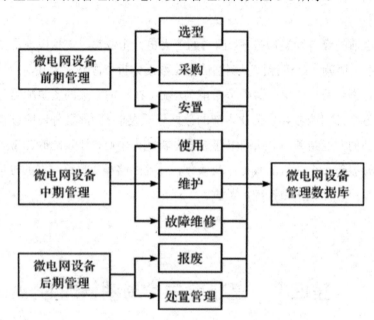

图 5-1　基于全生命周期管理的微电网设备管理结构

①微电网设备前期管理。

包括设备的选型、采购、安置。设备购买后进行安装，并对其进行编号，建立微电网设备管理数据库。结合各微电网设备用途，把设备分为发电设备、储能设备、负载设备及其他设备四大类，对分类的设备进行统一管理，同时对微电网的设备结构进行优化。

②微电网设备中期管理。

包括设备的使用、维护、故障维修，是设备全生命周期管理的重要环节。在微电网设备使用过程中，定期监测各设备使用工时等各项状态指标，并将其输入数据库中，联合分析微电网设备前期管理与中期管理中数据库已有的设备数据与监测数据，建立微电网关键设备故障预警模型，进行加权分析，进而判断设备是否正常。

③微电网设备后期管理。

包括设备的报废和处置管理。设备处置是指对报废设备或不再具有使用价值的设备进行拍卖或丢弃的管理流程，同时在设备管理数据库中进行记录，以备查验。

二、微电网关键设备故障预警模型的构建

微电网关键设备主要包括分布式电源、逆变器、储能设备等，其故障预警模型可以用来判断设备是否正常工作，对故障设备进行及时报警和维修，这有利于工作人员及时处理设备故障，使得微电网在生命周期内正常工作，提高工作效率。

微电网关键设备故障预警的具体流程如下：

①对各微电网关键设备进行编号，记录各设备生产厂商、产品名称、规格型号、使用年限等属性，生成设备管理数据库；

②根据设备管理数据库生成设备预警值；

③监测并采集各关键设备实时状态信息，并将其录入数据库中；

④建立微电网关键设备故障预警模型，以预测设备是否需要维修。

微电网关键设备故障预警及报废处理的工作流程如图 5-2 所示。

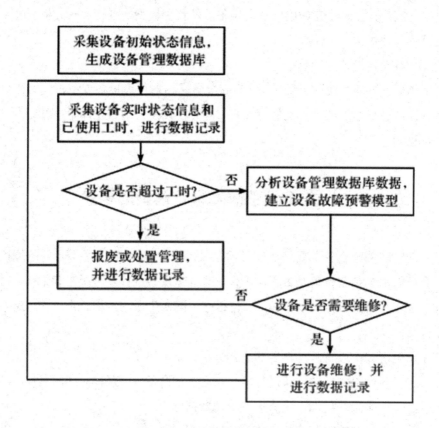

图 5-2　微电网关键设备故障预警及报废处理流程图

设备管理数据库能够记录设备在整个生命周期内的相关数据。设备管理数据库在设备前期管理中通过人机交互输入设备的各项出厂数据，根据各项出厂数据设定各属性预警值。预警算法如下：

$$M_{ik} = A_{0ik} \times \eta_{ik}$$

式中：A_{0ik}——编号 i 的微电网设备 k 型初始状态属性值；

η_{ik}——编号 i 的微电网设备 k 型状态属性预警比例，即 k 型状态属性的安全限定百分比；

M_{ik}——编号 i 的微电网设备的 k 型状态属性预警值；

k——各设备的电压、电流、辐照度、油耗、发电功率、负载功率等的状态属性编号。

利用加权法计算各关键设备状态属性的加权值，其加权值算法如下：

$$A_i^* = \sum_{k=1}^{n} W_{ik} A_{ik}$$

式中：A_i^*——编号 i 的微电网设备加权值；

A_{ik}——编号 i 的微电网设备 k 型状态属性值；

W_{ik}——编号 i 的微电网设备 k 型状态属性的权重。

运用加权值计算设备加权预警值，算法如下：

$$M_i^* = A_{0i}^* \times \eta_i^*$$

式中：A_{0i}^*——编号 i 的微电网设备初始加权值；

η_i^*——编号 i 的微电网设备的加权预警比例；

M_i^*——编号 i 的微电网设备加权预警值。

设备的属性预警值与加权预警值计入设备管理数据库，为设备的中期管理做准备工作。

在设备中期管理过程中，设备管理数据库采集并监控各设备的实时状态信息，包括电压、电流、辐照度、油耗、发电功率和负载功率等，并通过加权法计算各设备的实时状态加权值。

同时，根据设备管理数据库中记录的设备已使用工时，对设备进行报废或处置管理判定，若超过使用年限，则对其进行设备后期管理。

此外，根据各设备的属性预警值与各设备的加权预警值，并结合设备的实时状态信息与设备的实时状态加权值进行故障判断分析。

比较状态属性预警值与实时状态属性及设备加权预警值与实时状态加权值，判定微电网各关键设备是否存在故障。如果设备存在故障，则进行预警，并报告故障类型，及时对设备进行维修和维护，并进行数据记录。

三、微电网设备管理系统的功能和结构设计

（一）基本功能

微电网设备管理系统可实现微电网设备状态监测、维保辅助、故障警报和设备管理等功能。管理系统实时监测并记录微电网各设备在生命周期中的各项运行状态信息，并将其反馈给工作人员，然后生成状态监测报表。当设备使用一定时间后，管理系统可以自动通知工作人员对其进行维护与保养。当设备出现故障时，管理系统可以根据故障预警模型，对各设备参数进行加权分析，实现故障警报，及时提醒工作人员进行故障维修，实现设备的中期管理。当设备达到使用年限后，管理系统可以向工作人员进行反馈，使工作人员对其进行报废或处置管理，并对后续管理状态继续进行记录，实现设备的后期管理。

（二）管理系统框架建立

微电网设备管理系统的设计框架如图 5-3 所示。

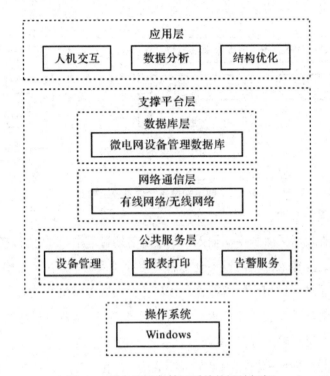

图 5-3　微电网设备管理系统的设计框架

　　系统主要由硬件层与软件层相结合而构成，硬件层主要由相关的硬件设备组成，如传感器、数据采集器和服务器等。软件层主要由操作系统、功能应用软件等组成，软硬件结合建立系统支撑平台，包括公共服务层、数据库层、网络通信层。

　　微电网设备管理系统主要分为 4 个模块：数据采集模块、数据分析处理模块、故障预警模块、全生命周期管理模块。微电网设备管理系统的主要功能和结构如图 5-4 所示。

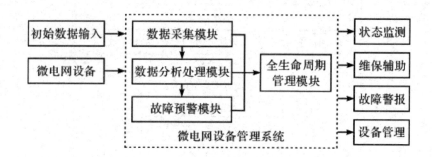

图 5-4　微电网设备管理系统结构图

①数据采集模块。

包括硬件设备采集与手动输入。在设备前期管理中，微电网设备的初始数据通过人机交互输入微电网设备全生命周期管理系统中；在设备中期管理中，微电网管理系统通过相应的硬件设备接口与分布式电源进行信息交互，通过数据采集模块对各设备实时运行状态数据进行采集；在设备后期管理中，对各报废设备的数据进行输入存储及跟踪。

②数据分析处理模块。

该模块主要用于分析数据采集模块采集到的数据，并将分析结果反馈给故障预警模块和全生命周期管理模型，同时对分析数据进行编号存储，生成统计表格。

③故障预警模块。

该模块是微电网设备管理系统的重要功能模块之一，能及时对微电网设备的故障进行预警，可以根据数据分析处理模块反馈的结果，建立微电网设备故障预警模型，进而及时对微电网设备故障进行预警。

④全生命周期管理模块。

可以综合处理数据采集模块、数据分析处理模块和故障预警模块的信息，通过人机交互界面提取并查看数据采集模块所采集的设备信息，查看微电网的拓扑结构和所有电气元件的接入及工作情况，实时关注开关与刀闸的工作状态，控制微电网的工作方式。同时根据数据分析处理模块和故障预警模块获取的信息实时了解微电网的运行状态。

第五节　基于物联网的智能电网资产
全生命周期管理

一、概述

智能电网各方面工作的进行都需要物联网技术的支持，物联网技术被应用于智能电网的各个环节中，包括从发电环节的可再生能源并网接入到机组运行状态的监控，从输电线路的在线监控，到电力生产管理、安全评估与监督，从智能电表、用电信息采集，到三表抄收、互动营销，从智能用电、智能小区到多网融合等环节。

本节主要针对基于物联网技术智能电网发电环节中电站的资产全生命周期管理优化管理应用，实现用最低的成本提供所期望的服务，使电网的运行更加高效。以电网资产为中心，综合应用物联网、地理信息技术、云计算、大数据和移动应用等各种先进技术实现电网资产全生命周期管理，整合网络公关系统、管理信息系统等相关信息，提高资产管理的及时性和准确性。在入库、盘点、出库环节采用 RFID（射频识别技术）批量识别，提高工作效率，在非批量操作采购、运输、运行监控、保修等阶段采用二维码技术，对接原有数据库，实现资产入库、出库、盘点、运输定位、移动、监控的自动化，以降低管理成本，提高工作效率，最终实现物资规划、采购、储存、安装、使用、维护、维修、改造、更新、报废的全生命周期管理体系，实现账、卡、物的高度一致。上传于云端的海量数据，为资产计划、资源配置提供智能决策分析，以实现装备使用的可靠性、使用效率、使用寿命和全生命周期成本的综合最优，从而保证电网的安全、可靠、经济和可持续发展。

二、关键技术

智能电网是以物理电网为基础，将现代先进的传感测量技术、通信技术、信息技术、计算机技术和控制技术与物理电网高度集成而形成的新型电网。智能电网具有坚强、自愈、兼容、经济、集成和优化等特征。

①物联网技术。

物联网技术即通过射频识别、红外感应器、全球定位系统、激光扫描器等信息传感设备，按约定的协议，将任何物品与互联网相连接，进行信息交换和通信，以实现智能化识别、定位、追踪、监控和管理的一种网络技术。它是以互联网为基础的一种被延展的网络技术，其用户端延伸和扩展到了任何物品和物品之间，以进行信息交换和通信。

②射频识别技术。

又被称为无线射频识别，是物联网关键技术和应用之一，其产业链包括标准、芯片、天线、标签封装、读写设备、中间件、应用软件和系统集成等，可通过无线电讯号识别特定目标，并读写相关数据，不需要识别系统与特定目标之间建立机械或光学接触。

三、系统设计

（一）系统架构

基于物联网的智能电网资产全生命周期管理系统根据应用功能的需求，结合物联网应用的先进架构设计理念，采用物理分层设计，将系统划分为电网资产感知层、网络通信层、数据融合层和资产生命周期应用层等内容，各层之间采用 Web 服务方式进行数据交换，并通过多种接口模式与其他应用系统进行数据交互。

电网资产感知层包括感知控制子层和通信延伸子层，资产对象为电站资产设备状态传感器、摄像头、GPS、终端设备和人员卡上的 RFID 标签、短距离通信设备，通过这些设备实现信息采集，并经过分类和预处理，通过无线传输、红外通信、现场总线和无线传输手段接入感知终端、互动终端，将自动采集的信息发送到中央信息系统，实现对物品的识别和管理。

网络通信层主要实现信息的传递、路由和控制，包括接入网和核心网。智能电网要求要保证数据的安全传输，同时，保证传输的可靠性和实时性。网络层核心网以电力骨干光纤网和宽带无线接入网为主，通过电力接入专网与电力核心网互联。互联网侧主要采用光纤、以太网、无线网络等多种网络接入方式。

数据融合层实现对海量资产数据交换与融合的管理，能够对数据进行存储及分布式计算、并行计算和网络计算，提供数据挖掘、在线分析等技术，实现数据的知识管理和智能决策。

资产全生命周期应用层采用智能识别、模式识别、信息系统等技术分析和监测电网资产管理过程，实现智能化决策、控制和服务，实现资产的全生命周期管理、智能管理，并提供资产优化解决方案。应用层是基于实物量的资产管理，以设备资产台账为基础，分为 3 个子系统——资产管理子系统、物资仓储管理子系统、工具管理子系统。

（二）系统功能及实现方法

如图 5-5 所示，资产管理子系统的对象是固定资产和重点低值易耗品，即从计划购入、入账、投入使用、使用变更、检修直到报废进行全生命周期管理。基于 RFID 技术，实现无接触信息传递，并通过所传递的信息达到识别功能，与 ERP 系统实现数据读取和导入。同时，该系统能展示在库备品备件名称、存储位置、用途、数量、使用寿命、故障率、采购周期、定额等信息，还具有基于关键字、模糊字段等的多方位智慧查询功能，而且还能显示资产的信息汇总、智慧盘点、存储位置、用途、数量、使用寿命、故障率、采购周期和定额等信息。物资仓储作为物资管控的重要环节之一，对物资整个供应链物力管理水平的提升影响巨大。物资管理子系统针对有出入库的仓储物资管理实现账、卡、物统一，以提高物资管理的及时性和准确性，实现入库、出库、盘点、运输定位、监控的自动化，充分利用移动技术、条码技术、仓储自动化设备以及其他先进手段，实现仓库管理作业的高效移动和全程跟踪监控，形成布局科学、储备合理、周转高效的仓储体系。

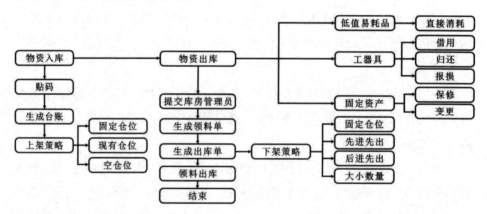

图 5-5　资产管理子系统

出库入库流程是：所有资产入库时贴二维码或 RFID 条形码，扫码后信息生成台账，并按照上架策略自动入库，其中，上架策略有 3 种，即固定仓位、现有仓位、空仓位。出库时，先将出库单提交给库房管理员，生成领料单，并根据下架策略生成出库单，然后领料出库。下架策略有 4 种，即固定仓位、先进先出、后进先出、大小数量等。物资根据使用情况分为低值易耗品、工器具和固定资产。低值易耗品直接消费，工器具可借用、归还和报损等，固定资产有保修和变更等功能。

工具子系统着重于实现工器具的租用、使用说明、校检周期提醒、寿命管理、补货管理、借出、归还、使用情况登记，建立精确的工器具台账，实时掌握库存数量、使用情况、使用年限，实现对机电设备检修过程中进入风洞和尾水管等重要检修场地使用的工具的移动智慧管控，确保不会有工具遗漏在检修设备中。对于桌面借用的工具，在桌面读写器上刷员工工作卡和工具，读取员工卡的条形码和工具并将其上传至服务器中，以获取工具和员工信息，并可通过条形码识别工具信息，在归还时提供归还工具的存放位置信息，管理员确认后完成归还操作。在 PC 端可以发挥工具借还数据分析等功能，手机端可以实现搜索、现场借还等操作，采用手持机终端实现盘点等操作，采用丰巢快递柜原理远程管理库房，监控库房和工具的使用情况。

通过资产管理 PC 端、手持机设备、手机软件有机融合全方位统一管理流程，对工器具、物资、资产进行全生命周期管理，实现大数据的统计分析。

（三）资产全生命周期管理编码规则

在对资产进行全生命周期管理的过程中，需要对物料编码、采购批次号、设备编码、资产编码等主要数据实行统一管理。为了实现资产全生命周期管理过程中物料编码、设备编码和资产编码等各阶段编码的多码联动和信息贯通，引入了设备实物标识编码，这是该实物唯一、终身的身份编号。

实物 ID 的编码规则是：实物"ID"编码遵循统一的编码规则，总 22 位，由"公司代码段（3 位）＋流水号（18 位）＋校验位（1 位）"构成。实物"ID"赋予现场实物之后不得更换，且流水号根据入库单中的入库数量生成，最终实现一物一号。

四、信息安全体系技术

安全体系要求实现物理安全、数据采集安全、数据传输安全和数据分析处理、集成安全的统一结合，以确保电网资产各业务数据的机密性、完整性、真实性和网络容错性。采用国家信息安全第三级保护、物理现场安全设计、网络划分边界部署安全设备，接入网关技术、网络异构通信协议转换和传感节点安全接入技术，根据安全要求和策略对边界控制设备、主要网络设备、操作系统和数据库进行加固配置。在实际工作过程中，主要采取以下几个方面的安全策略：

①数据库安全。

通过 WebSphere 应用服务器配置数据源，用部署的 Web 应用隐藏数据库连接信息，以保证数据的安全性。

②网络安全。

物理网络边界采用入侵监测和防火墙产品监视相关攻击行为，包括端口扫描、强力攻击、木马后门攻击、IP 碎片攻击和网络蠕虫攻击等。

③应用安全。

采取用户身份鉴别、访问控制、系统登录日志管理等各项严格的措施来确保各项操作的安全性，防止未授权用户非法访问系统、非法获取信息或进行非法操作，确保数据信息的安全。通过用户认证、日志管理、加密传输等方法保证应用的安全性。

④开发安全。

在开发过程中，要严格遵守技术开发安全规则。

第六节　基于图数据库的电力设备全生命周期管理技术

一、图数据库概述

图数据库作为常规数据库的升级版本，主要作用表现在借助图形理论储存实体的关系信息。不同管理工作在实施过程中涉及的图数据库存在一定差异，这就应根据各项差异表现对图数据库的容量和各项参数信息进行有效调整，优化图数据库功能权限，在表现出非关系数据库特点的同时，为电力设备全生命周期数据质量管理顺利开展提供支持。

通过对电力设备全生命周期数据质量管理中的图数据库进行研究，明确图数据库主要分为以下几种：

①单机原生图数据库。

该图数据库的应用不需要进行索引，可以在图数据库运行使用过程中减少系统开销，有针对性地提升图数据库中信息查询效率。但是单机原生图数据库的扩展性比较差，并不能满足大规模数据分布式存储查询和并行计算工作需要。

②分布式非原生图数据库。

该图数据库的应用可以增强数据的丰富程度，有效提高各项数据之间的关联性和协调配合效果，从而满足电力设备全生命周期数据质量管理对图数据库运行和数据关联处理提出的要求。但是分布式非原生图数据库的查询性能低于单机原生图数据库，并且分布式非原生图数据库的应用不能满足多层次深度查询工作需求，电力设备全生命周期管理过程中数据信息更新和查询等需求难以得到有效保障。

③原生分布式图数据库。

该图数据库可以在满足大数据量级查询要求和提高整体返回效率的同时，加大商业环境下数据信息归纳整理力度和实际分析工作协调配合力度。原生分布式图数据库的应用可以提升各项数据信息并行计算能力，实现实时图分析和数据计算，这对于提升原生分布式图数据库的实际作用显得至关重要。

二、应用中存在的问题

大型电力设备的制造与维护需要花费大量的人力和资金，近年来相关企业纷纷加大了对电力设备资产管理工作的投入力度。电力设备制造企业（产业集团）拥有大量的与供应商、产品、用户等有关的信息，电网公司拥有大量产品设备运营数据，但受技术手段限制，不仅设备制造企业和电力公司之间的数据缺乏交流，企业内部的数据竖井化问题也非常严重，造成数据的使用效率低，陷入"重复存、更新慢、找不准、用不好、享不了"的应用窘境。具体问题可以归纳如下：

（一）相同信息重复存储

对于同一电力设备，设备的属性、地理位置等基本信息在企业的不同管理系统中具有相同的本质。但是，系统之间信息重叠严重，缺乏统一规范，不同系统的数据存储结构存在较大差异，即使是相同的信息也难以从一个系统同步到另一个系统。这已成为企业信息系统处理和海量数据维护的瓶颈。

（二）信息更新不同步

由于企业各部门只对自身的系统进行数据更新及维护，导致在不同系统进行查询时信息不一致。如果采用人工的方式维护系统一致性将会非常耗时，也会带来更新延迟的问题。

（三）信息关联性缺失

数据分散存储在竖井化的信息孤岛中，信息碎片化严重，关联性缺失，整体性不强，关键性、全局性信息难以查准，系统之间缺乏信息共享机制。例如在对电力设备进行检修维护时，经常会涉及部分零件的更替，各个独立建设的系统会导致追查过程中存在断点，关键性信息难以准确提取。

（四）企业间系统孤立

电力设备制造企业和电网公司的信息系统相互独立建设，缺乏关联性，系统之间信息缺乏共享机制，致使设备的全生命周期管理存在困难，跨平台深度分析功能缺乏。

（五）系统功能单一

信息系统主要采用基于表格的查询方式，查询机制和人机交互手段单一，可视化效果差。数据使用专业程度过高，跨领域跨专业的综合应用功能难以实现。

竖井化的信息孤岛导致了以上问题，究其原因在于传统的资产管理系统基于供应链信息，仅关注企业内部产品生产和经销过程中所涉及的采购、生产、仓储、销售等环节。而以供应链管理为基础的产品生命周期管理系统则更加关注原材料供应商、生产厂商、运输商、消费方等之间的关系，其主要目的在于解决制造、运输、库存和用户服务不连贯的问题，消除分散在不同地点的产品生命周期的参与者之间存在的信息交换障碍。

为了消除系统间信息交换的屏障，可以利用图数据库将这些分散的资产管理信息进行多源数据整合。由于电力系统地域分布广、电网规模大、设备种类多，所产生的数据量庞大且结构复杂；同时供应链管理的信息数据库中包含许多结构化、半结构化和非结构化数据，这些都符合大数据的特点。虽然使用传统的关系型数据库与图数据库进行数据整合都可以去除多个系统间重叠的信息，查询时保证信息的一致性，但使用图数据库处理电力资产大数据具备以下优势。

①存储数据类型多样。

关系型数据库只能够存储高度结构化的二维表格。而在资产管理系统中包含了许多文档、图片等半结构化、非结构化数据，这些都能够在图数据库中进行存储。

②处理关联数据表现好。

图数据库是以点、边为基础存储单元，以高效存储、查询图数据为设计原理的数据管理系统。图概念对于图数据库的理解至关重要。图是一组"点"和"边"的集合，"点"表示实体，"边"表示实体间的关系。图数据库中可以利用"边"来存储数据间的关系。电力系统中存在大量关联关系，并且数据随时都在变化，例如配电一次设备包含变压器、开关设备、配电线路等，每个设备都有各自的生产、运输、库存信息。使用关系型数据库查询会产生大量的表连接操作，查询效率低，甚至一些隐藏的关系无法在此类数据库中被发现和查询；而利用图数据库中的"边"能够快速遍历所需数据的节点。

③操作简单。

图数据库建模技术能使构造的模型语义表达更丰富。相较于关系数据库的SQL语言，图数据库使用的语言可以显著地缩短用自然语言提出的现实问题和轻松构建基于图的解决方案之间的差距。

服务提供商UGS公司推出的Teamcenter管理系统是一个功能全面的PLM（产品生命周期管理）解决方案，它涵盖产品的全生命周期管理任务，每一个参与产品生命周期的人员都能够共享产品数据，彼此进行实时的协作交流，确保产品数据同步。该系统在多个领域取得了成功。因此，开发电力设备生命周期系统能够帮助电力企业确定产品需求，降低设备的维护成本，对电力企业的未来发展和深度应用具有重大研究意义和价值。

三、基于图数据库的知识存储方案

在设备管理系统实现中，数据建模是其中的关键工作。设备生命周期管理系统中包含大量复杂的互连接、低结构化的数据，当这些数据被频繁查询时，若使用关系型数据库会导致大量的表连接操作，极大降低查询性能。相对而言，使用图数据库中的"边"能够将数据间的关系进行存储，显著提升了复杂关联数据的操作性能。

（一）图数据库

随着大数据时代的到来，关系型数据库逐渐无法适应数据建模的需求，NoSQL（非关系型数据库）应运而生。其中图数据库在近年来得到的关注度最高。

"图"是计算机领域的经典数据结构，它由一系列"边"和"节点"组成，"节点"上可以定义多种属性，"边"有名字和方向，同时也可以在"边"上定义属性。图论中有很多经典的算法，如深度优先算法、广度优先算法、迪克斯特拉算法等，提高了在图中进行搜索、遍历等操作的效率。图数据库正是利用这种数据结构，解决复杂的关系查询问题。

（二）系统知识架构

电力设备生命周期管理涉及采购、生产、运输、库存、投入使用等众多环节，数据量巨大，如何准确地抽象出系统知识，是构建设备生命周期管理系统的核心任务。主要包含公司及其场站信息，产品和零件的属性及订单信息，以及供应链中的运输、库存、生产信息。

系统中的公司包括运输公司、电力设备制造企业、电网公司等。其中，电力设备制造企业拥有多个场站，而运输公司则包含多个运输中转站。

产品有属性信息，包括数值和字符串两大类，便于利用产品类别及产品的技术参数进行搜索推荐。每个产品记录生产该成品时所使用的零件信息，产品实例与零件实例根据批次号/序列号进行对应，便于对电力设备进行质量追查和检修。

产品和零件具有相应的运输、库存、生产信息。运输信息包含公司间的订单及货运记录，详细记录每笔订单所运货物的具体内容，包括数量、重量、价值等。货物的运输状态也被实时记录下来，包含运送状态、预计到达时间、实际到达时间、最后更新时间、运送方式等。库存信息记录产品/零件的出入库时间、状态、数量等信息。生产信息则记录电力设备每天的产出效率、合格率以及零件的使用情况。

（三）以电力设备为中心的知识关联图

根据上述系统的知识架构可以得知，电力设备管理系统的数据来源主要分为3个部分：从电力设备制造企业获取设备的参数、制造数量、生产批次、产出效率等信息；从运输公司获取产品/零件运送的出发地、目的地、数量、运送进度等信息；从电网公司获取电力产品的制造和安装信息、零件使用情况、剩余库存状态等。这些信息高度关联，每台设备成品使用的零件数量、批次信息暗含着使用了同批次零件的设备成品之间具有的关系。一套设备若要追踪其全生命周期信息，那么该设备从零部件的生产运输到组装投运，每一步的信息数据都必不可少。

针对该系统的数据需求，为了最大程度地保留数据间的关联信息，便于日后对于隐含关系的挖掘，本系统设计了应用在图数据库中的电力设备信息关联图。每个电力设备对应一个序列号或批次号。在图数据库中，每个编号对应一个设备实例，可以关联其设备类型所对应的属性，也能够直接关联该设备的供应链信息，生产信息（如使用零件的数目和批次号、制造日期），库存信息（如设备的库存位置、出入库明细），运输信息（如同一订单订购的电力设备的序列号/批次号信息），所用零件的来源信息等。

使用图作为数据存储结构可以方便地进行深度为 2 或 3 的关联信息查询，提高电力设备质量追溯的效率。以某一电力设备为起点，通过查找与其连接的运单信息的"边"可以到达相应以运单号为 ID（身份证识别号）的"节点"，再遍历该"节点"名为"instance has shipment"的"边"，即可得到与所查询电力设备同一批进行运输及安装的其他所有电力设备；如若需要追溯得到使用了同批次零件的电力设备，则可以通过名为"use material"的"边"找到设备使用的零件的批次号，再反向遍历"use material"直接相连的节点得到所有设备的序列号/批次号。

（四）基于地理位置信息的级联存储结构

除了依靠批次号或设备号对信息进行关联，系统中的数据也在地理位置上呈现出关联关系。系统中很多数据都包含地理位置信息，如公司场站、运输中转点。

中国的行政区划主要采用四级行政区划制度，第一级为省级，包括省、自治区、直辖市、特别行政区；第二级为地级，包括地级市、自治州；第三级为县级，包括县、县级市、自治县、市辖区；第四级为乡级，包括乡、民族乡、镇、街道办事处等。

国家电网公司常使用大的行政区域对其子公司进行分类管理。对此本系统利用图数据库的特性设计了级联地理知识结构。第一级为大区，第二级为省级，第三级为市级，第四级为场站/中转站。低级别与其相应的高级别地点使用"边"进行连接，当原始数据只含有较低级别的地理位置信息时，可利用连接关系自动补全较高级别的地理位置信息。在各页面进行查询操作时，可以方便地搜索到依据区域进行关联的信息。

四、电力设备全生命周期数据质量管理要求

对电力设备进行全生命周期数据质量管理时，需要考虑的要求主要表现在以下几个方面：

第一，应对电力设备加工制造和实际运行模式进行分析研究，根据实际分析结果和相关信息对全生命周期管理模式和系统进行优化调整，从而为电力设备全生命周期数据质量管理良性开展提供标准化参考依据，使得电力设备全生命周期数据质量管理水平和运行使用过程中，各项风险问题处理效果得到同步提高。

第二，电力设备全生命周期质量管理过程中涉及的数据信息较多，这就应在考虑各项数据信息规范性和合理性的同时，调整电力设备全生命周期质量管理模式，发挥各项数据信息在电力设备全生命周期质量管理和现存风险问题处理中的作用，使得电力设备全生命周期质量管理的准确性和实际控制效果得到有效保障。

第三，从图数据库入手开展电力设备全生命周期数据质量管理时可能会受到诸多不合理因素干扰，这就应在考虑各项影响因素的同时，加强合理技术在电力设备全生命周期数据质量管理中的应用力度。通过符合标准的技术降低电力设备全生命周期数据质量管理难度，确保电力设备全生命周期质量管理和数据信息综合处理之间的协调配合力度，有效体现各项标准化技术的应用价值和现实作用。

第四，应提高电力设备全生命周期数据质量管理人员自身专业意识，使得相关人员可以灵活应用专业条例和准确信息开展电力设备全生命周期质量管理和产品追踪工作。解决电力设备全生命周期数据质量管理因为人为因素干扰而出现的问题，推进电力设备全生命周期数据质量管理高效合理地开展。

五、基于图数据库的电力设备全生命周期数据质量管理技术

（一）系统架构技术

进行电力设备全生命周期管理前期，应用图数据库进行整个管理系统的有效架构，借助合理完善结构将电力设备的采购、运输、生产、存储、使用以及其他环节的数据资源清楚呈现出来，并在适当技术支持下，对电力设备全生命周期管理过程中的系统知识进行抽象化处理，保障电力设备全生命周期数据质量和实际管理效果，对于相应管理现实开展过程中面临的阻碍展开有效处理。借助系统架构技术将电力设备全生命周期管理过程中涉及的数据知识清楚呈现出来，表明电网公司、运输公司和设备生产企业在电力设备全生命周期管理系统中的作用，并借助字符串和数值两类属性信息对电力设备产品类别和技术参数进行有效的搜索、推荐。突出系统架构及其技术在电力设备全生命周期图数据库规划和数据质量管理中的作用，促使有关部门可以对电力设备质量展开有效追查和检修工作。

（二）数据关联技术

电力设备全生命周期质量管理过程中的数据来源于设备生产公司、运输企业和电网企业三个方面。并且，不同公司为电力设备全生命周期质量管理提供的数据信息、图纸资料等方面存在一定差异，这就应在考虑各项差异表现的同时，应用数据关联技术将各项质量管理数据的关系表现出来。从而组建全面详细的电力设备全生命周期图数据库，方便各部门按照数据关联关系对电力设备全生命周期的信息进行有效追踪，为电力设备全生命周期图数据库中的数据信息开展有效的质量管理提供标准化参考依据。

结合电力设备全生命周期管理系统需求增强各类数据信息之间的关联性，

可以实现不同数据关联信息充分保留的目标，继而挖掘不同企业提供的数据信息之间的隐含关系，以便于绘制电力设备全生命周期质量管理数据关联图。发挥图数据库在电力设备全生命周期数据质量管理中的作用，在调度不同数据及其信息之间关联性的同时，促使电力设备全生命周期数据质量管理顺利开展。

（三）级联存储技术

电力设备全生命周期质量管理系统中的数据信息，涵盖运输中转点和公司场站等地理位置数据，因此在电力设备全生命周期质量管理时，也需要强化地理位置数据信息在其中的应用力度。借助级联存储技术将电力设备全生命周期运输过程中涉及的地理位置信息存储在适当系统当中。在这一过程中，也应利用图数据库对电力设备全生命周期质量管理过程中的地理知识进行合理架构。

在进行电力设备全生命周期数据质量管理时，强化各个级别区域的连接效果，借助级联存储技术保证电力设备全生命周期质量管理过程中地理位置信息的详细性和完善性。此外，也应从图数据库入手，对电力设备全生命周期质量管理系统中连接关系地理信息进行自动补全处理，保障电力设备全生命周期数据质量和实际管理效果，确保图数据库的完善性和电力设备全生命周期数据质量管理力度得到同步提高。

（四）信息过滤技术

电力设备全生命周期质量管理过程中可能会产生不良信息，这就会影响电力设备全生命周期数据质量和实际管理效果，也使得电力设备全生命周期质量管理系统的库存、生产和运输这三个模块之间的关系和信息传输效果会受到很大影响。基于此，应在进行电力设备全生命周期数据质量管理时做好有效过滤工作，增强信息过滤技术在其中的作用效果，为基于图数据库的电力设备全生命周期质量管理系统数据信息提供有效筛选和评估支持，方便用户快速过滤电力设备全生命周期质量管理数据，借此为电力设备全生命周期质量管理提供准确详细的数据信息支持。

电力设备全生命周期质量管理在现实开展过程中需要考虑的信息较多，因此要借助适当技术对图数据库中与电力设备全生命周期质量管理相关的信息展开有效过滤，摒弃不够真实准确的质量管理数据，借此保障电力设备全生命周期质量管理及图数据库中各类数据信息的准确性和全面性。此外，也应借助现代化手段对应用在电力设备全生命周期数据质量管理中的信息过滤技术进行有效处理，从而发挥信息过滤技术在电力设备全生命周期数据质量管理中的应用价值。

（五）产品推荐技术

推荐单元作为电力设备全生命周期质量管理系统中的重要组成，通过该单元以及准确信息，可以帮助用户按照自身真实需求挑选所需要的电力设备产品，并将电力设备产品的运行参数和关联信息表现出来，继而为推进电力设备全生命周期数据质量管理以及图数据库整体优化处理等工作的协调连贯开展奠定坚实基础。加上电力设备加工生产的厂商比较多，各家企业电力设备产品的类型或多或少存在一定差异。为此，需要在对比分析电力设备厂家时做好质量管理数据信息归纳收集工作。将电力设备全生命周期质量管理数据信息存储在图数据库当中，之后通过图数据库向用户推荐适当的电力设备产品。在电力设备产品推荐过程中需要运用充足的时间和人力进行精准判断，保证产品推荐模块以及相关技术的可靠性，表明产品推荐技术在电力设备全生命周期数据质量管理中的作用，借此为电力设备用户提供直观准确的产品信息。

（六）质量追溯技术

电力设备在长时间使用过程中很有可能会出现一些质量问题，从而导致电力设备运行的安全性和稳定性会受到影响。这就应从电力设备全生命周期质量管理系统质量追溯模块入手，做好关联数据信息归纳收集工作，通过追溯电力设备产品使用质量等相关信息，来制定有效的故障维修方案，避免电力设备全生命周期故障维修和质量管理在现实开展过程中受到图数据库及其关联信息的影响；发挥图数据库和质量追溯技术在电力设备全生命周期质量管理系统和数据信息完善处理中的作用。

不仅如此，应用质量追溯技术也可以帮助有关部门在短时间内获取电力设备产品质量信息，了解电力设备基本参数、零件信息和供应链信息。之后通过地图形式和图数据库显示出来的供应链信息，增强电力设备全生命周期质量管理系统中质量追溯模块信息准确性和实际展示力度，从而保障用户电力设备产品质量问题处理的及时性和有效性。

第六章 电网大数据技术实践应用

第一节 电网数据采集系统中的
大数据分析技术应用

一、大数据分析技术在用电数据采集系统的应用目的

（一）采集用电侧数据

在供电企业运行过程中，核心工作是分析用电侧的数据，只有通过对用电侧电力负荷情况和用电情况进行综合分析，才能够让最终取得的分类结果本身具有更高的完善度，并为后续的系统升级、系统规划和系统构造过程奠定基础。在大数据技术的应用过程中，可以在整个配电系统内配置专业的传感器，其可以分析在一定时间段之内的电力总能量，这类信息会被科学处理和全面分析，之后分析各个数据节点和数据分析框架内的用电侧参数。通过对该参数的处理和分析，可以明确当前用电侧的用电需求。另外，如果发现某个区域内的用电参数发生变化，则可以根据当前已经建立的数据模型，分析是否存在供电故障。

（二）分析单用户信息

在当前的用电信息采集过程中，实际上已经开始将各类数据的讨论精度，融入对单个电力用户的信息采集过程中，因此可以说，如果想提高整个系统的

运行水平和运行质量，必须要能够对单个电力用户的用电信息进行集中收集。在具体分析过程中，考虑到当前智能电表已经得到了大规模的应用，因此大数据技术要和云计算系统对接，而在对接之后，将最终所取得的所有专业分析结果和智能电表之间建立综合关联，从而让单个电力用户的用电信息得到建设和说明。

（三）总结电力潮汐参数

电力潮汐参数可以说明在一段时间之内，该供配电区域产生的用电需求以及具体的应用范围，在得到了这一分析结果之后，可以将最终获得的结果进行进一步的说明和探讨。在大数据技术的使用过程中，可以通过对所有传感器以及各个子系统相关节点的实时监管和分析，综合了解当前整个系统内产生的用电需求，之后对用电需求参数进行进一步的完善，从而为企业后续的供配电网升级过程提供帮助。

二、大数据分析技术在用电数据采集系统的应用方法

（一）数据平台构造

数据平台的建设过程中，必须要能够以大数据技术和云计算技术为核心，共同分析所有的数据情况。针对大数据系统，要能够在整个平台内建设数据库，并借助 RFID 技术，综合了解各个节点的本身位置，将射频代码和地点位置在数据库里建立起一一对应的关系，在取得了该信息之后，由该区域内配置的传感器，立即分析当前产生的所有数据类型，之后以各类专业信息的方式，让所有信息被控制系统接受，在获得了接受结果之后，要能够将这类数据直接传回到已经建立的云计算分析系统内，在该系统的运行过程中，可以直接研究当前所有数据的产生情况，也要为数据采集过程提供帮助。另外需要注意的是，在

数据平台的自主工作阶段，要能够实现对整个范围内各个节点的参数分析，这就要求相关的传感器建设，必须要能够提高建设的完善度与管理精度。

（二）分析模型建设

在分析模型的建设过程中，首先需要根据各个区域相关节点的重要程度以及具体的精度参数进行分析，其次要根据当前的构造标准和构造方法，对最终获得的综合性处理结果进行进一步的探讨，最后是在整个系统的处理过程中，要对各类信息和数据采集标准进行研究。在大数据技术的具体使用过程中，要根据不同的功能体系进行配置，比如针对某一段时间之内，电力用户实际电力需求的变化模型，就需要凭借大数据技术分析过去一段时间内，不同时间段内或者时间点上的信息参数变化情况，而之后由云计算技术制定相关的应用模型，当然对于取样的时间长度，需要由专业的人员自主配置，从而研究在固定的时间段之内该系统的实际运行状态。需要注意的是，针对不同的分析目的和分析标准，要根据实际的发展状况全面探讨。

（三）采集体系完善

在信息采集体系的完善过程中，必须要能够根据各类信息的处理标准、处理规范和处理原则进行综合性考量，在实际的处理过程中，要能够在各类数据节点和相关的区域之内，综合确定信息的采集路径，同时相关传感器也必须要能够精准到位。比如对于电力参数的监管系统，要能够分析三相电流的均衡性、供电电压、供电电流等，此时必须要配置专业的传感器，而这类传感器可以实时向控制系统内传递当前的运行数据，而且在这一系统的后续处理中，对这类数据进行集中的分析。

（四）通信装置配置

在通信装置的建设过程中，必须要能够根据大数据技术对相关信息的处理效能和处理原则，对整个系统中的通信装置进行科学的配置，要求在具体的处理过程中，首先要根据各类传感器当前的状态、位置以及传感器的本身构造模式，对通信装置的运行状态和运行方法进行选择。其次要根据通信装置的具体建设标准，实现对所有资源的发布。最后是对数据最终的传递方向进行分析，要根据各类数据的运行标准和使用方法，综合实现所有数据的融合和处理。

第二节　电网规划中的
数据融合技术应用

一、数据融合技术概述

（一）数据融合技术发展历程

作为信息融合技术起步最早、发展最快的国家，美国早在 20 世纪 70 年代就开始启动信息融合技术的研究。1984 年，美国成立了数据融合专家组。美国国防部下设的美国国防部三军实验室理事联席会专门成立了信息融合专家组，负责组织和指导有关信息融合的研究工作。到 1991 年，美国已成功将 54 个数据融合系统直接引入军事系统中，其中 87%已有试验样机或已被应用。

除美国外，其他西方国家也普遍重视信息融合技术的研究。到目前为止，美、英、法、意、日等国已经研究出上百个军用融合系统，取得了一定的成果，但还有一些难题没有完全解决。如传感器模型、融合过程的推理以及有关算法的研究。

1998 年成立的国际信息融合学会，每年举行一次信息融合国际学术会议，促进了信息融合技术的交流与发展，相继取得了一些有重要影响的研究成果。1985年以来，国外先后出版了10余部有关信息融合方法的专著。

和国外相比，我国在信息融合领域的研究起步较晚，1991年后，一些高校和科研院所相继对信息融合的理论、系统框架和融合算法开展了大量研究，出现了一大批理论研究成果。与此同时，也有几部信息融合领域的学术专著和译著出版，其中有代表性的专著有：周宏仁、敬忠良和王培德的《机动目标跟踪》；董志荣和申兰的《综合指挥系统情报中心的主要算法——多目标密集环境下的航迹处理问题》；敬忠良的《神经网络跟踪理论及应用》；何友、王国宏等的《多传感器信息融合及应用》；康耀红的《数据融合理论与应用》；刘同明、夏祖勋和解洪成的《数据融合技术及其应用》；等等。20世纪90年代中期以来，信息融合技术在国内已发展成为多方关注的关键性技术，出现了许多热门研究方向，也相继出现了一批多目标跟踪系统和有初步综合能力的多源信息融合系统。

（二）数据融合基本原理

数据融合是人类或其他生物系统中普遍存在的一种基本功能。人类通过应用这一能力把来自人体各个传感器官（眼、耳、鼻、皮肤）的信息（视觉、听觉、嗅觉、触觉）组合起来并采用先验知识去统计，理解周围环境和正在发生的事件。多传感器信息融合技术的基本原理就像人脑综合处理信息一样充分利用多个传感器资源，通过对这些传感器及其观测到的信息的合理支配和使用，把多个传感器在时间和空间上的冗余或互补信息依据某种准则进行组合，以获取被观测对象的一致性解释或描述。

数据融合系统将来自各数据源的各种实时的/非实时的、准确的/模糊的、速变的/渐变的、相似的/矛盾的数据进行合理的分配和使用，依据某种特定的规则对这些冗余或互补的信息进行综合分析处理，从而获得对被测量对象的综合性描述。

具体来说，多源数据融合的原理如下：

①对目标进行多类数据采集；

②对收集的数据进行特征提取，提取表示目标测量数据的特征矢量；

③利用人工智能或其他的可以将目标的特征矢量转换成属性判决的模式识别等方法对特征矢量进行有效的模式识别处理，以完成各传感器数据关于被测目标的说明；

④根据前一步的结果，将目标的说明数据进行同一目标的关联分组；

⑤利用适当的融合算法将每个目标的分组数据进行合成，得到被测目标的更精确的一致性解释与描述。

二、规划数据的融合特性分析

电网规划需要考虑的因素有很多，涉及的数据又多又杂。有结构类数据也有非结构类数据，有文字数字类数据也有图表类数据。不同的数据源不仅其所属电力系统层级与部门不同，而且数据源之间的数据交互与共享权限也不一样。要想实现多源海量数据的融合，使之能为一体化电网规划设计所用，不仅需要研究数据接口标准，而且需要建立和完善不同数据源之间以及数据源规划设计平台数据库之间的数据共享和交互机制。

面对海量的数据，在将其导入一体化电网规划设计平台数据库之前，按照不同的融合需求进行分类，是一道不可缺少的数据预处理程序。在研究过程中，可以分别从数据功用、时态标准、层级关系标准和数据衍化类型四个方面对规划数据进行融合特性分析。

（一）数据按功用分类

依照电网规划流程，电网规划工作可以分为几个相对独立的模块，各个模块具有完整的功能，均需要各自的输入和输出数据。通过梳理归纳，电网规划数据可分为八大类，分别为社会经济、能源资源、电力供需、电网设备、电源设备、电网运行、地理信息和典型参数。可以看出，这八大数据类别间的联系较弱，而类别内部数据耦合度高。依照数据功用标准分类制成的数据模式表，在数据获取时有效区分了数据源，保证每一项数据都有确定的数据来源，便于收集数据和明确数据责任；在数据组织存储上，条理清晰直观，符合社会常识；从数据提取角度来看也便于子功能模块提取需要的输入数据。所以，依照数据功用来对配电网规划数据进行分类，无论是从数据来源、数据组织还是数据输出角度来看，均是一种较为合理的分类标准。

来自不同数据源的海量数据在规划数据库中按这八大类型进行存储。在设计字段时，每一类数据都不仅设有数据单位、数据精度等正面描述数据的属性，还设有统一口径、规划用途等侧面描述数据的属性。这样不仅有利于在将外源数据导入数据库时进行校核，也方便了做电网规划时对数据的调用。

（二）数据按时态分类

从时间角度上来看，配电网规划数据随着所处时间阶段的不同，将会经历产生、变化、消失或固化的过程，将规划相关数据按照其所处的配电网规划阶段进行分类，有助于处理好需要保留各时态取值的数据的存储问题。

①历史态：时间上相对来说距今较为久远的、对当前规划工作仍有价值的、需要存储的历史数据；

②上一轮规划态：以历史年为基准的规划态；

③建设态：处于项目建设期间的数据；

④现状态：当前时态的规划相关数据；

⑤预测态：预测数据；

⑥本轮规划态：以现状年为基准的规划态。

以上几种数据状态在时间角度上有重复的地方，例如规划态和预测态均是未来的状态，现状态的数据是已经固化了的且沉积下来的数据，因此也是历史数据。在具体的界定上，遵循下面的原则能有效地区分各个时态：

①负荷预测、需求预测等预测数据为预测态，电网预计达到的阶段目标为规划态；

②仅将当前年份的数据作为现状态进行存储，之前均为历史年。

由此也可以看出，依时间存储的规划数据，需要随时间发展而定期更新，至少以年为周期，更新现状态数据，将之前的现状态数据转为历史态来存储，并逐年向后推进规划数据和预测数据的转化与更新。

（三）数据按层级关系分类

电力系统中存在着明确的层级划分。技术层面上有电压等级的差别，管理层级上可划分为总部单位、省级单位、地市单位和区县单位。按照数据功用设计的数据模式，每张表的统计口径属性都规定了该表是否具有层级上的不同统计口径，这表明需要分地区、分电压统计的数据模式将具有多张来源不同的数据表，设计数据表在数据库中按层级关系分类存储的模式，有如下的优点：

第一，配电网规划工作是按电压等级分别进行的，将规划数据按电压等级进行分类，有助于电气计算、分析等过程的输入数据筛选与提取；

第二，按管理层级分类存储同一级别的数据表，既有利于数据责任的明确落实，层次分明的数据表集合也便于进行累加等汇总统计以及校验工作。

①电压等级：对与电压等级相关联的数据根据所处电压等级的不同进行分类时，配电网中也可以分为高压（110/66 kV，35 kV）、中压（10 kV，20 kV）、低压（0.4 kV，3 kV，6 kV）；

②管理层级：根据数据的提供方和颗粒度划分为各单位总部级、省级、地市级和区县级等。

层级关系上按电压等级区分，可以与各级电网公司所作的规划报告和规划报告滚动修编中的电网数据保持一致，从而有效利用规划报告，便于向规划平台数据库中装入数据的实际工作；按管理层级划分，则便于查找数据来源，明确数据责任，保证规划数据维护工作的顺利进行。

通常，在国家电网公司的电网规划分工上，一般总部负责 1 000 kV 和 750 kV

电压等级规划，省级相关主要单位负责 500 kV 及以下电压等级规划，地市级相关单位主要负责 10 kV（20 kV）及以下等级电网规划，自然地形成了电压等级和管理层级上的联系。因此，有时在数据存储上可以将电压等级和管理层级合为层级关系一项标准。

（四）数据按衍化类型分类

大量来源渠道多、口径多的数据输入一体化规划平台后，其中一些可以直接使用，一些则需要经过一定的加工处理。根据数据的衍化类型分类，有助于使各类原始数据按照明确的过程流转。按衍化类型大体上可以将数据分为三类：

1.可直接取用的原始数据

该类数据从数据源传递过来后不需要进行任何处理，可以按其原来的数据模式直接存入规划平台数据库。如变电站、线路的名称和投运日期等字段。

2.需要进行校核转换的数据

该类数据从数据源传递过来后需要进行一定的校验工作，并且可能需要经过合并、累加等简单处理，或更改数据模式、字段名称等再进行存储。如负载率、最大负荷和典型日负荷等数据。

3.需要进行分析计算处理的数据

经各个子功能模块计算得到的数据均属于此类数据。这类数据不能直接得到，而是需要经较复杂的分析计算才能获取并存储。如潮流计算的结果、拓扑计算的结果等。

三、数据融合技术在智能电网规划中的实际应用

智能电网数据处理方面具有的功能：根据工作需求，智能电网要具备实时采集大量原始数据的能力；同时对采集到的这些原始数据进行及时的无差错的传输；智能电网要将收集到的较为复杂的大量数据信息或是难以直接获取的信

息进行科学全面的分析，将其抽象为精练、简单的信息，以达到便于理解的目的。数据融合技术对于智能电网的建设、运作起到十分重要的作用。技术人员通过该项技术，可以消除传感节点采集到的大量信息中的冗余信息，这样可以进一步有效提高网络通道的性能以及其数据传输的速度，同时更能保证网络运行的稳定性；技术人员可以通过多方位的技术手段加强对同一目标的实时动态观测，以进一步保证系统获得精确的实施状况信息；在信息计算中心，技术人员可以根据数据融合技术加强对汇集数据的合理分析与处理，这样可以获取准确、精练、综合的实时信息，从而为管理人员的下一步决策提供大量科学的数据依据。

（一）可将不同数据源的同一对象数据进行合理的融合

当前，供电企业技术人员在对电网规划基础数据信息进行处理时，由于技术水平以及版本存在很大的差异，因此会造成多来源数据信息的出现。同时这些信息的颗粒度以及内容都会存在很大的差异，这给工作人员的数据分析工作造成很大的难度。此时采用数据融合技术可以将这些来源渠道多样的数据进行有效的转化以及交互，从而得出实际需求数据信息。

（二）可对具备相关性的不同对象数据进行有效融合

供电企业在进行电网规划建设时，会产生大量来源渠道多样的基础数据，这些数据中存在很多有用的信息，同时它们之间具有很大的相关性。就以规划业务来讲，多类数据源不同的数据都可能会涉及规划业务方面的信息；对于基础规划而言，会出现多种与电力系统相关的数据源。而数据融合技术可以将这些具有相关性的来自不同数据源的信息进行合理的整合，从而进行分析处理，得出具有指导性的信息，为电网规划工作提供有利的数据支持。

（三）可用于检测智能电网实体构架，诊断电网基础故障

在整个智能电网构建过程中，通过使用数据融合技术，可以进一步加强对电力设备、电力输送线路运行状态的检测，以此提高整个线路运行的稳定性与可靠性。在整个电网中，由于受到气候因素、人为因素以及设备老化等影响，室外运行的配电变电设备容易出现故障，这样就会对电网运行安全造成一定的负面影响。技术人员通过实际数据融合技术的监测功能，对电力系统中的各项设备的实体构建运行参数、状态参数以及相关信息进行实时监测和记录，由专业人员对这些数据信息进行全面分析，这样可以及时发现设备运行过程中可能存在的问题或故障。及时发现故障，也可以第一时间确定故障发生的部位以及原因，从而制定有针对性的解决方案，将故障影响范围缩减到最小，从而加强对电网安全运行的保障。使用融合后的数据，可以对设备故障或问题进行提前预测，从而实现适时更换设备，做到防患于未然。

（四）可以辅助功能实现资源的合理配置

供电企业一定要意识到只有在保证电网中供需关系平衡的状态下，才能有效进一步提高对资源的使用效率。当前，电能存储技术由于成本较高，技术存在一定的缺陷，因此尚未得到有效使用。这就意味着，一旦电厂发出的电未能及时得到使用就会直接被浪费掉。这样使得消耗大量资源生产出的电能未能发挥作用，造成资源浪费，同时也未能满足其他区域对电能的需求。这时技术人员可以使用数据融合技术，实现供需关系的数据融合，从而对资源进行合理的优化配置，以此提高对资源的使用效率，也能进一步满足各个地区对于电能的需求。

（五）数据融合技术可以用于新能源发电

随着时代的发展，以及我国对石油资源的消耗，现阶段，我国石油资源在逐渐地减少，从而无法满足我国各个行业对石油资源的需求。因此，加强对新

型可再生资源的研究与应用成为解决人类未来能源问题的关键。当前，风能、太阳能成为使用较为广泛的新能源。不同于风力发电，现阶段我国在使用太阳能发电方面呈现分布式应用的状态。由于太阳能以及风能主要是对自然现象的充分利用，因此它们本身具有时段性以及波动性的特点，这就使得将这两种能源并入电网会对整个电网的调度规划造成一定的影响，不稳定因素影响较大。此时，技术人员可以利用数据融合技术，通过对各个新能源电源运营公司的发电能力、时段以及相关基础数据信息进行系统的收集与分析，将这些数据进行科学的融合，根据数据融合结果对发电电源进行科学的宏观调控，从而将新能源本身的特征对电网运行的影响降到最低。通常情况下，海上风力发电能力最强的时间段是在夜间，陆地则与之相反，是在白天的上午阶段。通过对各个新能源发电站总体数据进行融合分析，可以对其进行合理的优化配置。

第三节　电网调控运行中的
大数据存储与处理技术应用

一、电力调控运行系统的作用

从发电厂进行发电开始算起，电力系统包括发电、输电、变电、配电和用电这五个环节，每一个环节都是一个复杂的系统，而且各个部分配合起来也有很高的技术难度。纵观电力系统整体，电力调控是其中一个非常庞大的系统，在这个系统之下有很多彼此相互独立又相互联系的局部系统。在实际的电力调配中，电力能源的生产和供应要求十分平稳，一旦电力能源的供应出现大的中断，会给经济发展造成很大的损失，严重的话甚至会引起民众恐慌、社会治安等问题。借助于高新技术的不断发展，现在的电力管理已经大体上实现了智能化，计算机辅助下的智能调控系统帮助技术人员更加迅速地处理电网传来的实时数据，提高电网调配的反应速度。在电力调控运行中，如果电网输送终端存在一定的安全隐患，将很有可能对生活造成影响，严重者甚至会导致安全事故的发生，带来严重的危害。

所谓电网调度大数据，主要指的是电网运行数据的整合处理。信息的来源存在一定差异，这使得各类数据之间具有联系，电网调控运行大数据主要分为四种类型，分别是电力网络调控运行的大数据、外部网络信息数据、基础信息数据以及电网运行数据。最近几年来，由于我国的电力网络建设规模不断扩大，电网架构越来越复杂化，使得电力网络调控运行大数据处理难度不断增大。电网调控大数据处理的主要特点是数据量大、种类复杂等，在一定程度上增加了各项信息的存储难度，影响信息的处理效率。所以，通过对电网调控运行大数据技术进行优化，能够保证电力事业的稳定发展。电网调控运行大数据，又常被人们称作电力网络安全可靠的中枢，对各项数据起到良好保护作用，结合当下的数据信息采集模式来讲，如果仍然采用常规的数据信息采集模式会降低数据的安全性。

二、电网调控运行大数据分类

电网调控运行大数据可以依据来源方式的不同分为电网调控运行大数据、基础数据、外部信息数据、电网运行及设备状态监测数据四种不同的类型。这四种不同类型的数据在应用中具有紧密的关系。在电网调控运行的众多数据中，计划类的数据、负荷预测数据、电网运行的数据、基础性的数据等属于结构性的数据。同时，在应用中还存在一些非结构性的数据方式。比如，图形图像的处理、视频的监控等逐渐在应用中发挥出重要的作用。随着电网调控规模的扩大、数据体积的变大、应用种类的增多、结构的日益复杂化，进行高质量的数据处理和存储已经变得比较困难。因此，需要对于系统运行的结构、方式等进行全面性改变，以提高存储和处理的质量和水平。

三、目前的电网调控运行大数据处理技术分析

综合目前以计算机技术为基础的大数据技术，大数据的整体结构包括数据准备、数据存储、数据处理、数据分析、结果展现五个基础部分，其中，数据的准备是整个架构建设的基础，这一环节主要是通过数据采集设备进行数据的收集和输入；数据存储的作用是将收集来的数据录入数据库中，借助于服务器和相关的存储设备对数据进行保存；数据处理是利用现代化的计算机技术对数据进行分类处理，在相关的数据之间建立起联系，这样在检索数据时能够更加高效便捷地进行数据分析，主要是对有用信息的提取；数据的结果展现主要是选择适当的方式进行数据的呈现。

常规的电网监控技术具有较为显著的局限性，各项监测数据信息没有真正实现目标共享，使得各个电网设备监测数据无法实现统筹研究与分析。近些年来，随着国家电力网络覆盖面积的不断增加、电网运行大数据数据量增加、电网数据存储难度增加，智能电力网络的有效运行受到抑制。通过对电网调控运行大数据实施良好的分类、存储、处理，能够保证数据的时效性得到更好体现，使得电力网络系统的各项功能能得到良好发挥。

此外，对各项监测数据实施科学分类，并做好一系列存储工作，能够帮助有关人员准确发现系统中的异常数据，找到异常数据产生的原因，结合系统中的不确定性因素进行科学处理，保证电力网络的安全性能与可靠性能得到良好提升。当然，为了保证电网调度运行大数据处理技术得到高效的运用，人才显得越来越重要，科学技术属于第一生产力，此项技术的应用，需要人才的科学管理。将电网调度运行大数据处理技术与人才进行有效结合，能够保证此项技

术的作用被更好地发挥出来。对于电力有关部门来讲，要结合各级管理者的具体工作情况，实施良好的岗位教育培训，让人才能够更好地发挥出自身作用。

（一）数据集成技术

由于电网建设的复杂性，电网调控下的大数据具有数据量大、类型多、速度快、分布广等特点。在这种复杂的数据环境下，对于如此多的数据的处理是非常有难度的，为了高效地处理数据，需要做一些技术处理。首先是对数据进行集成，从各个地方收集来的信息通常是零碎的、不连续的，这给数据的批量处理带来困难，数据集成能够对收集来的数据进行提取整合，剔除掉原始信息中的干扰项，对于偏离正常范围的数据进行有效的修正，这样经过处理后的数据能够统一地导入分析程序中。另外，各种数据涉及的应用系统较为复杂，单靠一种或者几种数据技术难以完成，此时就需要多种技术的交叉融合，在数据的整合中要综合考虑数据的原始节点和信息的时效性，为建立完善的大数据网络提供最合理的数据支撑。

电网调控运行大数据处理技术的高效运用，需要引进新兴技术与设备，针对变电站实施科学操作，保证电力网络系统中的各项数据实现有效共享。变电站设备的有效运用，能够强化电网调控管理水平，帮助管理者进一步了解电力网络运行状况，提升电网的可靠性与运行安全性。在科技快速发展的今天，电力网络中的各项先进技术不断涌现，有关管理人员要努力学习先进知识，保证电力网络中的各项数据传输更加安全。

（二）数据运输与存储技术

由于电网本身的分布范围很广，从各个地方收集到的数据信息量很大，再加上各地数据采集类型存在差异，在将这些复杂的数据进行存储以便用于后续的分析时就面临着一个非常困难的问题。首先需要非常大的存储空间来对这些数据进行存储，同时还要保证数据存储过程中的安全性。通常的做法是对数据进行压缩处理，这样能够减小数据传输的数量，但是在进行数据的压缩和解压的过程中也会消耗大量的精力，因此不能盲目地采用数据压缩的方法，要根据实际的情况具体问题具体分析，而且一些数据具有很强的时效性，如何在最短的时间内进行存储并且在数据失效之后及时地进行数据清理工作都是至关重要的。经过不断的摸索探究，目前来看采用较多的是分布式的文件系统，这个系统能根据数据的基本类型进行区域的划分，将相同类型的文件存储在一起。对于那些时效性比较强的文件，可以建立一个临时的数据库，在文件整体性失效后，对整个数据库进行自动删除，为下一个新数据库的建立节省存储空间。

（三）数据的处理和管理

数据的处理和管理可以说是数据库运行中的核心部分，其中包含的处理算法具有较高的技术含量，数据处理的第一步就是要对数据进行分类，把不同的数据存入数据库中的不同分区，并且建立起关系，这样在数据检索时能够最快地定位到数据所在的分区，及时地调用数据。不断优化数据结构，采用分库、制表等方法节省数据库处理时调用的资源量，在每一个分区内进行数据分层，根据数据被调用的频率构建新的数据结构，实现资源的合理配置。当然，庞大的原始数据难免会出现数据自身矛盾等问题，如何及时地解决矛盾，保持整体数据库的平稳是一个非常重要的问题，可以设置隔离沙漏，将不稳定的数据存入其中，即使出现数据的损坏也不会影响整体的数据结构。对于重要的数据信息，应当及时进行备份处理，避免在数据处理的过程中损坏数据，同时遗失原始数据。

四、应用大数据存储与处理技术的具体作用

（一）监控电网状态

通过对电网运行中大数据的收集与处理，能够有效实现对I/O优点的应用，从而对电力系统进行监控，提高电网运行中数据管理与处理能力，并实现对数据的有效分类与存储。例如，在电网调控系统中针对电压、谐波、电流等数据参数进行管理与控制，能够使数据驱动机组模型得到建立，提高模型建立质量，以保证其运行的安全性和稳定性。通过数据监控，可以及时发现系统运行过程中存在的安全隐患，进行有针对性的研究，迅速找出问题产生原因，使系统维修工作者缩短故障排查时间，提高维修与处理效率，使电网运行安全得到保障，从而减少运行损失，促进电网调控系统工作水平得到提升。

（二）智能预警保障安全

传统调控系统中安全预警工作主要是通过对预想事故的离线计算完成的，在计算过程中，通常以其典型运行方式为依据，具有较高专业性。但在长期使用中发现，这种预警方式存在一定缺陷，不能及时而全面地为调控系统提供安全保障。与传统预警方式相比，大数据存储与处理技术的应用能够对系统进行全面监控，具有较高运算效率，可以为系统提供准确、及时的安全预警，从而避免运行事故产生的影响进一步扩大，降低系统损失。

在其具体应用过程中，充分使用先进的计算机技术以及网络信息技术，建立通过模拟真实计算方式而形成的一体化预警系统，使其能够在电网调控系统运行中对其存在的问题与故障进行及时而有效的预警，从而提升数据处理质量，促进系统管理能力提高，实现对电力系统的优化。提高数据存储与处理的科学性，能够使电网运行评估更具有科学性、合理性，根据其评估结果，相关工作人员可以将其与供电需求相结合，实现对电网的有效调控。

（三）广域源荷互动的优化调度

科学技术的发展，使得众多新型能源在电网中进行了并网应用。比如：风能、光伏能源、生物质能等具有间歇性特点的新能源。在这种情况下，应用传统的发电机组无法实现电网的自动化智能化调节和控制。而应用大数据分类存储和处理技术可以对全网电力资源的需求和负荷信息进行科学化调控监督，依据不同的时间、地点等进行电力资源的合理化配置，提高整个电网运行的质量和水平，通过科学的调控决策、整体应用态势的感知，在保障电网稳定和安全的前提下充分挖掘电网新能源的应用潜能，有利于实现我国电力能源的多样化，降低了煤炭等传统能源应用的数量，能够使相关工作人员更好地开展节能环保工作。

五、智能电网大数据处理的应用

（一）支持基建决策

发电企业通过大数据技术提供的有效数据来对发电站的选址、输电线路的设计进行决策。以丹麦风力发电机制造商维斯塔斯风力技术集团为例，其通过大数据技术把全球天气系统数据和本企业的发电机数据进行融合后加以分析：以公司积累的数据和天气系统提供的气温、气压、空气湿度、空气沉淀物、风向、风速等一系列数据为基础，采用数据建模技术，通过对风速、风力、气流等对电力生产有重大影响的要素进行计算，从而对风力发电的厂址选择方案进行了优化。并且在这个过程中，此系统还对卫星图像、地理数据以及月相与潮汐数据进行了收集和处理，从而更好地为此项目的建设和未来发展提供服务。

（二）升级客户分析

电力营销单位对电力用户进行分析后可以通过积累的庞大数据来实现对

用户的分析，主要分析电力用户的特征，对用户进行细分，从而有针对性地改善服务。除了利用内部数据，还可以利用外部数据，通过内外结合，分析用户在电力需求与其他方面的联系，提出假设，并进行论证，然后得出正确关联结论，从而有针对性地进行营销，提高企业的竞争力。

（三）实现智能控制

在对电力基础的故障处理与预防中，采用大数据技术可以快速地找到故障原因，进而有针对性地进行处理，缩短故障时间，降低对用户的影响，降低维修成本；采用大数据技术可以及时监测故障，及时处理小故障，避免使其发展成大故障。这些都是大数据分析和可视化展现技术手段，它们是通过在线检测、视频监控、应急指挥、检修查询等功能实现的。

（四）加强协同管理

电力行业涉及范围较广，各个环节彼此之间关系密切才有利于整个行业的发展与优化，电力行业的生产数据、运营数据、销售数据、管理数据的整合能够优化电力生产、运营、销售的资源配置。大数据的应用使行业内部的人力、材料、设备、资金等要素的流动更加顺畅，提高了整个集团的管理成效。

六、电网调控一体化模式的构建

传统的管理方式对电网的运行调度已远远不能满足当前的需求，电网调控一体化模式的构建成为必然趋势，在电网调度与变电监控中，实施一体化模式，能够将电网调度与大数据管理全面结合。在调控一体化管理模式中，电网的调度、变电站的运行状况，都需要调度中心进行统一管理，在特殊情况下进行紧急操作，对于供电指令的执行和对变电站的运行必须由运维操作站负责，实现二者的相互配合。在实际运行操作过程中，需要进行集中监测与管理，通过对监测数据的分析，整合数据资源，建设并运用统一的监控管理系统。当前，我国很多电力企业采用的是集中管理的模式，人力资源利用效率低下。电网调控一体化运行模式可以改变当前的状况，基于不同的电网规模和电网结构，安排不同的管理人员进行管控，合理利用人力资源与资金，提升行业综合效率。

第四节　电网系统中的数据挖掘技术

一、电力大数据时代下的数据挖掘技术

在电力大数据时代下，大数据已成为电力企业进行决策的基础。但是，单纯数据的积累并不能给电力企业带来益处，只有运用相关的技术手段，对大量的数据进行深加工，发现隐含的信息并加以利用，进而指导电力企业做出正确的决策，这样电力大数据的作用才能发挥到极致。研究认为，数据挖掘技术的运用将会在电力企业降低成本、开拓电力市场、维护电力系统安全运行等方面发挥重大作用。因此，理解数据挖掘技术及其在电力企业中的应用就显得非常重要。

（一）数据挖掘技术的概念

数据挖掘技术是通过对海量数据进行建模，并通过数理模型对企业的海量数据进行整理与分析，以帮助企业了解其不同的客户或不同的市场划分的一种从海量数据中找出企业所需知识的技术方法。如果说云计算为海量分布的电力数据提供了存储、访问的平台，那么如何在这个平台上发掘数据的潜在价值，使其为电力用户、电力企业提供服务，将成为云计算的发展方向，也将是大数

据技术的核心议题。

电力系统是一个复杂的系统，数据量庞大，特别是在电力企业进入大数据时代后，仅仅是电力设备运行和电力负荷的数据规模就已十分惊人。因此，光靠传统的数据处理方法就显得不合时宜，而数据挖掘技术的出现为解决这一难题提供了新的思路。数据挖掘技术在电力系统负荷预测和电力系统运行状态监控、电力用户特征值提取、电价预测等方面有很好的应用前景。

（二）电力大数据时代下有关数据挖掘技术的思考

在我国电力市场化运行过程中，电力市场运行模式大体经历了垄断模式、发电竞价模式、电力转运模式，现在正在积极过渡到配电网开放模式。在这个过渡阶段，高质量的数据更是大数据发挥效能的前提，先进的数据挖掘技术是大数据发挥功效的必要手段。国际数据公司指出，在大数据时代下，新的数据类型与新的数据分析技术的缺失将是阻碍企业成为其行业领导者的重要因素。该问题同样存在于电力企业中。但是，先进的数据挖掘技术只有在高质量的大数据环境下才能提取出隐含的、有用的信息，否则，即使数据挖掘技术再先进，在充满噪声的大数据环境中也只能提取出毫无意义的垃圾信息。为此，电力企业为了应对电力大数据时代下数据质量对数据挖掘技术带来的挑战，应该考虑设立首席数据官，进行专门的数据管理工作，定义元数据标准，保证数据质量。国内一些企业目前只是设立了首席信息官（CIO），但是由于 CIO 只是技术专家，很难系统全面地开展数据挖掘工作，这就使得这些企业渐渐失去了充分利用大数据的优势。因此，传统的数据管理方式已经很难满足大数据时代对数据质量的要求，在电力大数据时代下，如何提高数据的质量，电力企业任重道远。

二、特征工程

特征工程主要分为表象特征工程和内在特征工程。表象特征工程主要挖掘任务目标本身的数据特征，内在特征工程主要挖掘的是任务目标所关联的因素的特征变量。特征工程主要分为特征抽取和特征选择。

特征抽取涉及的主要算法包括主成分分析（principal component analysis, PCA）和线性判别分析（linear discriminant analysis, LDA），两者的本质都是要将原始的样本映射到维度更低的样本空间中，但 PCA 和 LDA 的映射目标不一样：PCA 是为了让映射后的样本具有最大的发散性；而 LDA 是为了让映射后的样本有最好的分类性能。

特征选择涉及的算法主要分为三类，即过滤法、包装法和嵌入法。过滤法主要包括方差选择法、相关系数法、卡方检验、互信息法等。包装法主要有递归特征消除法、拉斯维加斯算法等。嵌入法主要包括基于惩罚项的 Lasso 回归和岭回归、基于树模型的随机森林和梯度提升树等算法。

三、统计描述

统计描述是一类统计方法的汇总，作用是提供了一种概括和表征数据的有效且相对简单的方法。在数据分析中，统计描述的主要任务包括用常见的统计量来对目标数据进行定量的表达，如均值、方差等；使用分布理论、大数定理和中心极限定理等对数据样本的数量特征进行估计和检验，推断统计总体内在的规律性。

四、类型划分

类型划分主要指的是通过对任务目标数据本身进行分析，提取数据特征，利用一些无监督学习的算法，如聚类算法、阈值分割算法等，或者半监督学习算法，如半监督支持向量机算法等，对电力系统中一些未进行标记的数据进行类型划分。

无监督学习，即训练样本的标记信息是未知的，目标是通过对无标记训练样本的学习来揭示数据的内在性质和规律，为进一步的数据分析，如类型识别，提供基础。此类学习任务中研究最多、应用最广的是聚类算法。

聚类算法视图将数据集中的样本划分为若干个通常不相交的子集，每个子集称为一个"簇"，通过这样的划分，每个"簇"可能对应一些潜在的类别。聚类中常见的距离度量方法有欧氏距离、曼哈顿距离、马氏距离和余弦距离等；常见的聚类算法种类主要有基于原型的聚类，包括 k 均值聚类算法、高斯混合聚类算法等；基于密度的聚类，典型的有具有噪声的基于密度的聚类方法；层次聚类，典型的有凝聚算法。

半监督学习算法是介于无监督学习算法和有监督学习算法之间，利用部分有标记数据，能够不依赖外界交互而自动地利用未标记样本来提升学习性能的一系列算法的总称。半监督学习算法可进一步划分为纯半监督学习和直推学习，前者假定训练数据中的未标记样本并非待预测的数据，而后者则假定学习过程中所考虑的未标记样本恰是待预测数据，学习的目的就是在这些未标记样本上获得最优泛化性能。常见的半监督学习算法有最大期望算法、TSVM 算法、图半监督学习算法等。

五、数值预测

数值预测主要是指通过分析任务目标所关联的因素的特征，对未知目标的数值型的结果进行预测，其主要涉及的算法是回归算法。回归算法是一种对数值型连续随机变量进行预测和建模的监督学习算法，常见的回归算法主要包括线性回归、回归树、人工神经网络、支持向量机等回归算法。

常用的线性回归算法，根据自变量个数的不同可以分为一元线性回归和多元线性回归；根据正则化的不同，有 L1 正则化的 Lasso 回归和 L2 正则化的岭回归。该算法的优点是结果容易理解，计算较为简单；缺点是对非线性的数据拟合效果不好。

基于决策树的回归算法，是指通过将数据集重复分割为不同的分支而实现分层学习，分割的标准是最大化每一次分离的信息增益。典型的算法有随机森林和梯度提升树等。该算法的优点是能够学习非线性关系，对异常值也具有很强的鲁棒性；缺点是没有约束，容易发生过拟合。

人工神经网络中较为典型的算法有 BP（back propagation）神经网络、卷积神经网络等。如果将神经网络进一步进行扩展，则可以应用深度学习算法对具有大量数据的回归问题进行建模。

六、类型识别

类型识别主要是指通过分析目标关联因素和目标类别之间的关系，对未知类别的目标进行类型识别的过程，其主要涉及的算法是分类算法。分类算法是一种对离散型随机变量建模或预测的监督学习算法，常见的分类算法有朴素贝叶斯算法、Logistic 回归、决策树、支持向量机、集成学习以及神经网络等算法。

朴素贝叶斯算法是一类利用概率统计知识进行分类的算法，算法主要利用贝叶斯定理来预测一个未知类别的样本属于各个类别的可能性，选择其中可能性最大的一个类别作为该样本的最终类别。朴素贝叶斯算法的优点是计算简单，缺点是需要一个很强的条件独立性假设前提，而此假设在实际情况中经常是不成立的，因而其分类准确性就会下降。

Logistic 回归是利用线性模型对目标进行二分类的分类算法，比起朴素贝叶斯算法的条件独立性假设，逻辑回归算法不需要考虑样本是否是相关的，且具有很好的概率解释，容易利用新的训练数据来更新模型。

决策树是用于分类和预测的主要技术之一，决策树学习是以实例为基础的归纳学习算法，它着眼于从一组无次序、无规则的实例中推理出以决策树表示的分类规则。构造决策树的目的是找出属性和类别间的关系，用它来预测将来未知类别的记录的类别。它采用自顶向下的递归方式，在决策树的内部节点进行属性的比较，并根据不同属性值判断从该节点向下的分支，在决策树的叶节点得到结论。主要的决策树算法有 ID3、C4.5、CART、PUBLIC、SLIQ 和 SPRINT 算法等。

支持向量机算法的最大特点是根据结构风险最小化准则，以最大的分类间隔构造、最优的分类超平面来提高学习机的泛化能力，较好地解决了非线性、高维数、局部极小点等问题。对于分类问题，支持向量机算法根据区域中的样本计算该区域的决策曲面，由此确定该区域中未知样本的类别。

集成学习是一种机器学习范式，它试图通过连续调用单个的学习算法，获得不同的基学习器，然后根据规则组合这些基学习器来解决同一个问题，可以显著地提高学习系统的泛化能力。组合多个基学习器主要采用（加权）投票的方法，常见的算法有装袋和提升。

人工神经网络是一种应用类似大脑神经突触连接的结构进行信息处理的数学模型。神经网络通常需要进行训练，训练的过程就是网络进行学习的过程。训练改变了网络节点的连接权的值，使其具有分类的功能，经过训练的网络就可用来识别对象。目前，常见的神经网络模型有 BP 网络、径向基函数网络、Hopfield 神经网络等。但是当前的神经网络仍普遍存在收敛速度慢、计算量大、训练时间长和不可解释等缺点。

通过以上应用不同算法对目标或对象进行的特征工程、统计描述、类型划分、数值预测、类型识别等任务分析和建模，可以进一步使数据分析的过程或者结果变得可视化，以便于业务人员进行理解和在实际场景中加以应用；将建模的过程和模型架构加入模型库中，有利于后续的优化以及不同业务间模型的迁移。

第五节　电网企业发展中的大数据可视化技术

一、大数据可视化技术概述

（一）基本内涵

大数据可视化技术是以图形处理技术与计算机技术为基础，对数据间发展规律、逻辑关系实施挖掘，并将挖掘结果以图形化形式呈现出来的数据信息技术。该项技术的出现与使用，有效改善了以往数据分析工作效率较低以及环节复杂等方面的问题，使数据挖掘层次更深，使数据呈现方式变得更加清晰、多样化，已经发展成为大数据分析的重要手段。

（二）工作流程

大数据可视化流程主要分为以下几步：

①数据获取。

按照需求，从信息采集终端、网络以及磁盘等处展开数据收集与获取工作。

②数据分析。

对收集到的数据实施分析与分类，将其转换成指定格式，保证数据的一致性以及统一性，做好缺失值以及无效值的处理，并将有价值的数据保留下来。

③逻辑分析。

运用计算机运算技术、应用统计学等手段，对数据间逻辑关联展开分析，做好数据附加值挖掘工作。

④数据呈现。

按照具体呈现需要，对图形化结构图展开选择，以线形图、条形图以及饼图等形式呈现数据信息。

⑤数据装饰。

为保证数据逻辑清晰度，确保数据信息可以得到更好地应用，在进行图形设计时，需将特殊数据层次结构建设作为重点，来将数据以更加简明的方式呈现出来。

⑥数据交互。

该步骤以改变视点以及数据子集选择为主，通过对数据实施控制与操作的方式，高质量开展数据搜索与控制，进而实现大规模复杂数据与工作人员之间的高效交互，为后续管理工作开展奠定良好基础。

二、大数据可视化技术在电网企业中的应用

（一）电力企业大数据

为保证大数据可视化技术运用质量，在对该项技术进行应用之前，首先，应对电力企业大数据展开深度分析。按照主营业务，电力企业大数据主要分为

电网运维数据、企业用户数据、企业管理数据三种。电网运维数据是电力系统在进行管理、运行以及检修时所产生的数据，像设备运行监测数据等，因为电网数据采集点相对较广，所以电网运维实时监控数据储存量相对较大；企业用户数据包括业务拓展服务、电价以及电费等数据，以营销数据为主，在智能技术与设备辅助下，数据信息采集效率与质量得到了有效提升，企业可以及时获取各项用户用电量、用电行为数据，并会在第一时间内对其进行处理与储存；企业管理数据是业务流程节点产生的汇总数据，如资源管理计划数据、企业财务管理数据以及档案管理数据等。

（二）大数据可视化分析思路

电网大数据具有处理要求高、数据量化以及数据种类较多等方面的特征，可通过有效运用大数据可视化技术（以下简称可视化技术），对多变量、高精度以及时变数据潜在价值展开分析。管理人员需要按照电网大数据实际情况，制定出与之相符的可视化分析方案。

1.运行数据可视化分析

经过多年发展，电网运行数据变得更加多元，除传统系统重要设备参数数据，高精度配电网终端数据也逐渐纳入配电自动化系统之中，以往终端信息方面所存在的各项数据也会得到有效改善。同时，因为电网运行数据具有快速、时序以及高维等特点，在可视化分析以及可视化技术共同配合之下，能够实现对数据信息的有效处理。电力企业可以在配电终端数据以及系统主参数基础上，构建起健全的全景电网拓扑图，能够在可视化技术帮助下，集中展现各种信息资源。利用全景电网拓扑图，能够实现对重要设备运行状态的实时监测与评估，可对分布式微电源系统运行情况做出正确判断，能够对专线用户用电行为展开客观分析，会对相关管理工作开展形成有效辅助。

2.管理数据可视化分析

由于电网企业数据较为复杂，有着明显的结构化特征，所以需要按照业务系统特点展开可视化分析。例如，在对财务管控业务数据实施处理过程中，需要根据现金流量特点，展开平面现金流量图绘制，以便以此为基础，展开动态查询等活动。企业需要做好流程网络分析，明确自身业务流程以及经营目标，并以此为依据，对业务节点活动、企业运营目标以及端到端业务流程中逻辑层次关系展开分析，绘制出较为科学的在线监测网络拓扑图，且要将可视分析以及信息可视化功能融入其中，以在企业管理、监测中发挥出更大的作用。

3.客户数据可视化分析

企业需要合理运用可视化技术，对用户用电负荷特性以及用电行为展开可视化分析。同时，要按照前期推广部署地理信息系统，完成覆盖全地区的电力客户地图绘制，并要将部分内容向公众进行公开，加强用户用电互动，做好反馈信息收集与整理工作，确保用电信息潜在价值可以得到深度挖掘与运用。此外，企业还要对当地经济发展、用户用电信息以及气象信息等因素展开综合考量，应做好产能利用率、用电档案以及用电量分析等影响因素分析，科学展开短期负荷预测分析，以利用降维手段将负荷预测结果以可视化方式呈现出来。

（三）可视化系统的构建与运用

可视化系统是大数据挖掘处理结果反馈终端，系统实现方式相对较多。实施电网大数据分析处理过程中，应以计算平台以及云储存平台为基础，利用高级应用接口对第三方可视化软件平台展开构建。由于该平台的建设和使用会受到可视化系统交互性以及可拓展性等方面的限制，所以需要做好数据储存以及计算平台整合，并将其科学融入可视化系统之中，按照各种业务模型，展开可视化展示应用的优化与调整。同时，应按照大数据分析处理结果，制定出个性化较强的可视化分析处理方案，并要加强对可视化分析交互功能的研究力度，做好交互工具开发工作，实现大规模数据与个人信息之间的快速交互，保证可视表达、分析以及交互等都可以达到最佳，使可视化优势可以充分发挥出来，将大数据挖掘分析技术更好地运用到电网企业管理之中。

三、可视化技术具体应用实例

在此以某市电力企业为例，对可视化技术展开深层次分析。该公司目前已经构成电网空间地理信息、准实时信息中心平台，为企业分析决策以及共享融合系统的构建奠定了良好基础。按照国家相关文件要求，结合地区信息化基础构架优化综合研究任务，公司将落实分布式基础构架部署作为重点关注内容，并加大了对软件开源化、硬件定制化大数据平台的构建力度。利用该平台在决策支持、大数据技术实时采集以及在线监测等方面的优势，公司大数据储存、分析以及共享等操作水平都得到了切实提高，对公司发展形成了有效推动。

现阶段，该电力公司结合自身发展现状，以开源分布式处理框架为基础，对数据储存、运用以及数据构架等操作展开了优化，逐步形成了较为健全的大数据平台，为公司计算分析、经营管理以及电网生产提供了可靠动力。同时，通过平台，各层级单位以及专业也可自助展开一系列操作，使得公司大数据支撑能力切实得到提升。

该公司大力建设的大数据基础体系构架，是以地区电力公司业务场景需求分析以及大数据平台构建指导意见为依据进行构建的。该数据平台的建设，会为业务系统大数据应用开发与运行提供可靠平台支撑，总体应用构架包括配置管理、数据整合以及数据存储等模块内容，能够为企业提供各种有效服务，可以为业务应用提供有力支持。集成成熟开源产品是该平台该技术组件主要组成部分，通过对 SG-ERP 组件实施改造与优化，为平台建设与应用提供保障。

在平台之中，计算机组件运用的 Hadoop 技术体系中的分布式存储技术，是平台的核心内容。平台内所有内容采用统一权限、统一目录管理模式，利用数据管理服务平台，为数据管理功能、安全控制功能的实现与强化提供良好技术支撑，在企业数据管理以及数据管控工作开展中发挥出了极大的作用。因此，大数据可视化技术应用是极具价值的，需要展开更进一步的研究。

第六节　大数据安全
和隐私保护技术

一、大数据安全和隐私面临的风险

（一）病毒侵袭

大数据时代下，信息网络更为开放，这在为人们工作与生活提供便利的同时，也为外部攻击提供了机会。从本质上来看，病毒是一组恶意程序代码，可隐藏于网络软件中，具有潜伏性、隐藏性的特点。一旦病毒成功入侵计算机系统，用户计算机内的大量数据可以在短时间内被复制，甚至导致用户无法正常使用计算机。在过去的十几年间，计算机大多连接的是局域网，故而遭受外部攻击、信息泄露的风险较低，出现病毒侵袭的概率较低。随着现代信息技术的发展和公共无线网络的发展，在扩展交流与信息分享渠道的同时，也为外界病毒侵袭提供了契机。此外，以"熊猫烧香"为代表的网络病毒也使大数据安全和隐私保护面临着严峻的挑战。

（二）黑客攻击

除了病毒侵袭，黑客攻击也是影响计算机安全以及个人数据安全的重要因素。黑客攻击是指非法用户恶意破坏网络信息的行为，这些行为不仅会造成信息数据泄露、丢失，还有可能会影响电脑的正常使用。黑客攻击大多通过网络探测技术获取用户位置等信息，通过相关技术攻破计算机，非法获取信息，不仅给用户个人信息安全带来了极大的威胁，甚至会造成用户极大的经济损失。大数据背景下，网络黑客攻击更具有隐蔽性，甚至一些用户在毫不知情的情况下就被窃取信息，等到采取相关措施时为时已晚。同时，大数据技术的发展也使网络数据库的规模进一步扩大，这些存储海量数据的数据库一旦遭受黑客攻击，其后果是难以想象的。

（三）网络漏洞

由于我国关于信息网络管理与安全方面的法律法规仍有待完善，网络数据库安全问题较为突出，网络安全环境亟待改善，因此网络漏洞为外部攻击提供了机会，最终导致大量网络安全事故发生。从现实情况来看，任何一套系统都存在或多或少的系统漏洞，这些漏洞可能是系统本身带有的，还有可能是用户在后续使用过程中因操作不当而造成的，如果不及时修复这些漏洞，不法分子就有可能利用网络漏洞攻击与窃取信息，使用户蒙受损失。

二、大数据安全问题与技术挑战

大数据时代，信息安全面临新常态，在数据收集、传输、存储、管理、分析、发布、使用、销毁的大数据生命周期全过程，大数据面临众多的安全威胁，包括大数据的可信性威胁、存储安全威胁、网络安全威胁、基础设施安全威胁，等等。

在大数据的深入研究和应用过程中，传统的数据安全机制不能满足大数据的安全需求，大数据安全和隐私保护在安全架构、数据隐私、数据管理和完整性、主动性的安全防护等方面面临着以下十大技术挑战：

（一）分布式编程框架中的安全计算

分布式计算由于涉及多台计算机和多条通信链路，一旦涉及多点故障情形容易导致分布式系统出现问题，此外，分布式计算涉及的组织较多，在安全攻击和非授权访问防护方面比较脆弱。

（二）非关系数据安全存储的最佳方案

大数据中非结构化数据占主流，然而关系型数据库不能有效地处理多维数据，不能有效地处理半结构化和非结构化的海量数据，非关系型数据库结构化查询统计能力较弱，数据的一致性方面需要应用层保障，在访问控制安全机制方面存在漏洞。因此，对非关系型数据的安全存储需要找到最佳的实践方案。

（三）安全的数据存储和交易日志

在大数据环境下，数据的拥有者和使用者相分离，用户丧失了对数据的绝对控制权，用户并不知道数据存储的具体位置，数据的安全隐患也由此产生，海量的交易数据和日志更是黑客攻击关注的焦点，需要有效保证数据存储和交易日志的安全性。

（四）终点输入验证/过滤

移动终端的安全隐患不仅出现在设备本身，还包括移动设备与互联网连接过程中访问服务器对移动设备的管理过程。为了使数据提供者提供的数据具有完整性和真实性，需要在研究终点输入验证/过滤技术来确保对敏感数据的访问控制，提高对非法内容的管控力度。

（五）实时安全监控

针对利用系统漏洞的攻击、分布式拒绝服务攻击以及危害较大的高级持续性威胁攻击。需要利用大数据技术长时间、全流量对各种设备运行状况、网络行为和用户行为进行实时检测、深入分析和态势感知。

（六）可扩展性和可组合的隐私保护数据挖掘和分析

知识挖掘、机器学习、人工智能等技术的研究和应用使得大数据分析的力量越来越强大，同时也对个人隐私的保护带来了更加严峻的挑战，如何在数据挖掘过程中解决好隐私保护问题，目前已经成为数据挖掘研究的一个热点话题。

（七）加密强制数据中心的安全性

由于对底层的攻击可以绕过访问控制直接访问数据，来源多样化的终端节点大数据包含了更多的个人数据，所以从源头去限定数据的可见性正变得越来越重要。目前正在研究结构更优、效率更高、满足特定功能的加密方案，通过端对端的加密数据保护来确保加密强制数据中心的安全性。

（八）细粒度访问控制

大数据规模大、数据形式多样化、业务连续性高，且用户群巨大，数据资源不是完全由数据所有者控制的，目前还没有有效的方法对大数据所有的数据访问行为进行很好的控制，同时确保细粒度管理、可伸缩性、数据机密性的访问控制问题还没有得到解决。

（九）细粒度审计

无论是基于日志的安全审计、基于网络监听的安全审计、基于网关的安全审计还是基于代理的安全审计，虽然都各有优点，但这些审计在审计的细粒度上都不能完全覆盖所有数据的关键信息，因此要确保大数据审计溯源效果需要发展细粒度审计技术。

（十）数据溯源

数据溯源需要通过分析技术获得数据来源，然而数据来源本身就是隐私敏感数据，因此需要平衡数据溯源与隐私保护之间的关系。此外，在大数据环境下，数据溯源技术中数据标记的可信性、数据标记与数据内容之间捆绑的安全性等问题更加突出，这些问题有待进一步解决。

三、大数据安全与隐私保护技术体系的架构

大数据安全与隐私保护目前尚未形成完善的技术体系，结合国际标准化组织和美国国家标准与技术研究院的大数据参考框架和大数据安全与隐私保护参考框架，提出大数据安全和隐私保护技术体系参考模型。

大数据安全和隐私保护技术体系中的安全防护技术主要分为 4 个层次，分别为设施层安全防护、数据层安全防护、接口层安全防护、系统层安全防护。

设施层安全防护主要应对终端、云平台和大数据基础设施设备的安全问题，包括平台崩溃、设备失效、电磁破坏等，采用的关键安全防护技术主要有终端安全防护技术、云平台安全防护技术和大数据基础设施安全防护技术等，大数据基础设施安全防护主要对大数据的网络设施、存储设施、计算设施以及其物理环境进行保护。

数据层安全防护主要解决数据处理生命周期带来的安全问题，包括情报窃取、数据篡改、数据混乱等，采用的关键安全防护技术包括数据采集安全技术、数据存储安全技术、数据挖掘安全技术、数据发布与应用安全技术、隐私数据保护安全技术等。

接口层安全防护主要解决大数据系统中数据提供者、数据消费者、大数据处理提供者、大数据框架提供者、系统协调者等角色之间的接口面临的安全问题，包括隐私泄露、不明身份入侵、非授权访问、数据损失等，采用的关键技术包括对数据提供者与大数据应用提供者之间的接口安全控制技术、大数据应用提供者与数据消费者之间的接口安全控制技术、大数据应用提供者与大数据框架提供者之间的接口安全控制技术，大数据框架提供者内部以及系统控制器

的安全控制技术等。

系统层安全防护主要解决系统面临的安全问题，包括僵尸攻击、平台攻击、运行干扰、远程操控、业务风险等，采用的关键技术包括实时安全检测、安全事件管理、大数据安全态势感知，高级持续性威胁攻击的防御等关键技术。

大数据需要灵活的计算环境，云计算为大数据提供了基础设施，Hadoop、Spark、Storm 等开源架构目前已取代传统的关系数据库管理系统，成为大数据存储和处理的基础设施，大数据利用云计算处理将更具有可扩展性、灵活性和自动化。当前，国际和国内的组织和机构对云安全领域进行了许多探索，其中最为活跃的组织是云安全联盟 CSA（Cloud Security Alliance），其发布了《云计算安全指南》作为云安全实践手册。该指南总结了云计算的技术架构模型、安全控制模型以及相关合规模型之间的映射关系。我国学者陈军等人总结了云安全研究的主要方向及云安全研究主流厂家技术解决方案的现状及发展趋势，对我国云计算安全的发展具有一定的借鉴意义。大数据安全与云安全在设施层有许多共性技术。

（一）大数据安全和隐私保护技术的架构

1.大数据采集安全技术

数据采集技术是较为常见的网络信息技术，也是个人以及有关机构合法获取信息数据的重要载体。从现实情况来看，一些数据安全问题在信息采集阶段就已出现。为了提高信息采集的安全性，减少风险因素，我们应该尽快完善大数据安全采集技术，在信息采集环节通过先进的技术实现信息过滤，加强对已过滤信息的认证，优化采集信息保密技术，提升数据信息采集阶段的安全性。

2.大数据传输安全技术

因为网络具有开放性的特点，尤其是在大数据时代下，信息传输过程中也存在信息泄露的风险。面对这一情况，我们应该尽快建立大数据安全传输技术体系，在利用虚拟专网的基础上加密信息，降低信息数据泄露和被窃取的可能性。除此之外，在信息传输过程中，应该及时调整与完善传输安全协议，减少相关安全漏洞。

3.身份认证保护技术

该项技术近年来得到了较快的发展，其主要结合用户个人设备的信息数据对用户的基本特征进行侧写，在这一基础上对在某一时间段内使用设备的用户身份进行认证，用户只有通过系统认证才可以正常使用设备。这项技术利用生物识别系统，通过虹膜、指纹等特征对个人信息进行提取和认证。在生活中，我们也可以见到这项技术，例如手机上的指纹解锁以及支付宝推出的人脸支付等功能。身份认证保护技术的应用可以大幅减少黑客攻击等事件的发生，提高个人信息数据的安全性，同时用户还可以在不同设备端上进行身份认证。

4.访问控制技术

该项技术是在密文机制基础上控制访问用户的方式，具体可以分为以下两种：第一种是密钥策略属性基加密系统。在这一系统中，密文与属性、访问与密钥在访问结构基础上相互关联。如果用户相关的属性集与访问结构不相符，则用户无法获取文件信息。该系统主要应用于静态数据的访问中；第二种是密文策略属性基加密系统。该系统中，访问结构组成密文，用户属性生成密钥，当且仅当集合中的属性能够满足访问结构时，解密者才能获得明文。该系统可以使访问用户的控制更为灵活，故而被广泛地应用于云计算的访问控制中。有文献在用户角色基础上设计访问信任模型，对访问对象进行评估，查看其是否可信，并将相关数据加密数据存储在云中。

5.大数据存储安全技术

云计算作为与大数据技术一同发展的技术，在方便人们生活的同时也对数据隐私安全带来了巨大的挑战。现阶段，云计算下大数据存储的加密技术分为两种：一种是对称加密处理，另一种是非对称加密处理。若用户需要存储的信息量较大，且这些信息对于用户而言比较重要，应该尽可能采用对称加密处理技术进行加密；反之，则可以选择另一种加密技术。如此一来，不仅可以降低数据存储过程中信息泄露的风险，而且可以提升信息储存效率，减少了大量信息存储需求用户的加密问题。在使用对称加密技术的同时，还需重视密钥保护。

而数字签名技术具有不可复制性，且独有密钥，没有取得相关授权的用户则无访问权限，也无法获取重要信息，可以进一步提高数据存储的安全性。

6.大数据挖掘安全技术

大数据挖掘技术对于大数据安全和隐私保护有着重要的意义，在构建相关技术体系时，第一步可以利用查询限制等方法保护隐私数据。之后，加强对第三方的身份认证，重视访问用户的管理，尽可能避免第三方平台对数据信息进行挖掘时捆绑恶意软件。最终，技术人员还需要通过敏感序列隐藏算法提升数据挖掘过程的安全性。

（二）大数据安全接口层关键技术

数据提供者—大数据应用提供者之间的接口安全防护需要运用的关键技术包括终端输入验证/过滤技术、实时安全监控技术、数据发现和分类技术、安全数据融合技术等。终端输入验证/过滤技术用来验证来自数据提供者的数据的完整性和真实性。实时安全监控技术用来监测数据传入的流量是否被恶意用于发动分布式拒绝服务攻击或者利用软件漏洞进行攻击。数据发现和分类技术在尊重隐私的前提下执行，安全数据融合技术用来避免数据融合中的信息泄露、假信息的注入和重复消耗的攻击，确保对数据进行有效的管理和优化配置作用。

大数据应用提供者—数据消费者之间的接口安全防护关键技术包括防止隐私数据分析和传播的隐私保护技术，遵循的法律法规及对敏感数据的访问控制技术等。这些技术的使用诸如交付给数据消费者的汇总结果必须尊重隐私，第三方或其他实体访问数据需要遵循法律法规，政府需要控制对敏感数据的访问等。

大数据应用提供者—大数据框架提供者的接口安全防护关键技术包括身份识别、基于策略的加密、加密数据的计算、访问控制的策略管理、细粒度访问、细粒度审计等。基于策略的加密技术可以允许应用程序对数据进行丰富的基于策略的访问，运用加密数据的计算可对加密数据进行搜索、过滤，以及对明文的计算。访问控制的策略管理采用合适的接入控制策略，确保只有使用正确的凭证需要的细粒度才能访问数据。

大数据框架提供者内部的安全防护技术主要确保在大数据框架内部数据存储与数据处理之间的安全，包括确保数据来源正确，加强数据存储的安全防护和交易日志的管理、对密钥进行管理、减少分布式拒绝服务攻击等。在大数据系统内部主要靠系统控制器来管理各关键组件之间的协同，由于系统控制器在识别、管理和审计大数据各组件进程中发挥着关键作用，因此在大数据框架提供者内部还要通过贯彻安全机制，加强系统接入管理和细粒度审计等来保证系统控制器的安全。

（三）大数据安全系统层关键技术

大数据安全系统层安全防护技术主要利用大数据技术对系统进行安全管理和防御，包括实时安全检测、面向安全的大数据挖掘、基于大数据分析的安全事件管理、高级持续性威胁攻击的检测和防范等关键技术。

实时安全检测是传统的入侵检测、漏洞检测、审计跟踪与大数据技术的融合，从数据的整个过程出发，在数据的产生、传输、存储、处理的过程中及时发现大数据安全威胁。面向安全的大数据挖掘可以及时发现安全隐患，展示大数据系统的整个安全运行趋势。大数据安全态势的评估，可以对大数据安全威胁进行及时响应和预警。基于大数据分析的安全事件管理需增强事前预警、事中阻断、事后审计的能力，在事前根据采集的各类数据，利用大数据分析技术对安全威胁进行分析，对安全趋势进行预测，在事中建立多维度的安全防御体系，从不同的角度来避免各种可能的攻击，并针对发现的攻击进行快速决策与阻断，在事后对攻击发生的过程进行分析，重构攻击场景，挖掘攻击模式，对攻击进行追踪溯源。对抗大数据的高级持续性威胁攻击需要建立对大数据系统设施层、数据层、应用层、接口层全方位的安全防御体系，以提高系统捕获数据、关联分析、深度挖掘、实时监控、预测趋势的能力。

第七章　"互联网＋"智慧能源

第一节　现状及发展趋势

计算机网络技术作为新生代的科技产物，代表着新媒介技术的产生、发展和普及，正在引导着整个社会发生变化。在过去的几年中，互联网已经给人类的交往方式、思维逻辑、社会结构带来了翻天覆地的变化。互联网发展至今，在性能与安全性两方面有了革新性的突破。性能提高表现在两方面，其一是数据传输的高速化。高速通道技术的应用，能够有效地、大幅度地提高互联网的传送速度，以此达到更快地流通资源的目的。其二是得益于芯片技术的发展。信息处理速度的大幅提升，对输入的信息有更快的响应，能够处理的信息量大幅提升。同时，新的防御系统、加密技术的出现，以及存储设备的稳定性提高，使得互联网中信息及数据的安全性得到了极大的提高。互联网是人类信息技术文明发展的重要体现，而信息技术几乎已经渗透到了各个领域，并且许多领域在其影响下开始了跨界创新与融合。相比之下，电力系统总体较为保守、封闭，能量流与信息流一直存在同步不畅问题，与其他领域的交流也不够。

随着科技的不断发展，我国能源、经济形势的变化，利用"互联网＋"对于传统能源进行智慧化改造的意义越来越明显。将互联网技术应用于电力系统，发挥互联网技术的优势对传统能源网络进行改造，并促进传统电网与其他能源网络、信息智慧化技术进行融合的"互联网＋"智慧能源是我国电网未来的发展方向。

互联网可以促进信息的交流，实现数据的汇总并基于此优化资源的分配。

170

而所谓互联网思维，是指在互联网、大数据、云计算等科技不断发展的背景下，对市场、用户、产品、企业价值链乃至整个商业生态进行重新审视的思考方式。互联网思维体现在社会生产方式上，主要可以从两方面来理解：生产要素配置的去中心化和生产管理模式的扁平化。基于互联网的开放、平等、协作、共享精神，各种系统生产要素配置的主要形式是去中心化，是分布式的；企业的管理也会从传统的多层次变得更加扁平化、网络化。

基于"互联网十"思维对传统行业进行改造，可以促进其业态发展变化，催生新模式兴起，实现行业革新，为其注入活力，获得经济上的增长点。而在以电力为代表的能源领域实行"互联网十"智慧能源的改革，对提高可再生能源比重，促进化石能源清洁高效利用，提升能源综合效率，推动能源市场开放和产业升级，形成新的经济增长点，提升能源国际合作水平具有重要意义。

能源网的电网中，各类一次能源发电和分散化布局的电源结构（骨干电源为主）通过大规模互联的输配电网络，连接各用户使用，具有天然的网络化基本特征。电力系统终端用户用电业已实现"即插即用"，电力用户无须知道所用电的来源，只需根据需要从网上取电，具有典型的开放和分享的互联网特征。虽然如此，目前我国电网发展仍遇到了一系列的问题：经济发展面临增长新常态，电力系统不支持多种一次和二次能源相互转化和互补，不能支持高比例分布式清洁能源电力的接入；综合能源利用效率和可再生能源利用率的提高受限；"三北"等地区弃风弃光、西南地区弃水现象愈演愈烈；与此同时，火电建设却在不断开展，环境污染也成为人们关注的焦点。

传统电力系统集中统一的管理、调度、控制系统不适应大量分布式发电及发电、用电、用能高效一体化系统接入的发展趋势。传统电力系统的市场支持功能，不适应分散化布局用户能源电力的市场化运作。近年来以新能源汽车、储能为代表的新技术、新业态正在蓬勃兴起，电力市场交易与电力体制改革也在进行，但是仍然不能及时适应能源领域和社会各行业产生的新变化。而油气等行业也在面临油价低迷、污染严重等问题，行业活力差。

因此，总体来说，能源领域有必要引入互联网思维对其进行改革，从而融合资源，激发活力。以互联网思维改造传统能源行业，就是要大力推进能源与信息的深度融合，同时发挥电力网覆盖面广、能量和信息一起传输的独特网络优势，克服传统思维的局限，弥补存在的薄弱环节，构建骨干电源与分布式电源结合、主干网与局域网微网协调、多种能源优化互补、供需互动开放共享的"互联网＋"智慧能源系统和生态体系。

第二节　"互联网＋"智慧能源的形态特征

"互联网＋"智慧能源是一种互联网与能源生产、传输、存储、消费以及能源市场深度融合的能源产业发展新形态，具有设备智能、多能协同、信息对称、供需分散、系统扁平、交易开放等主要特征。在全球新一轮科技革命和产业变革中，互联网理念、先进信息技术与能源产业深度融合，正在推动能源互联网新技术、新模式和新业态的兴起。设备智能，如各种用能终端、能源网络以及能源信息云平台等都有信息技术的广泛参与，可以全面收集能源信息，进行收集分析并指导能源网络的优化运行，实现能源与信息的耦合。能源网络中的各组成部分可以动态地接收系统云平台的指示，智能地变换工作状态，以响应系统需求，从而达到优化系统能效、降低碳排放量、提高系统稳定性与柔性的目标。

一、多能协同

能源互联网支持电热—冷气—交通等多网络的智慧互联,支持能源的互相转化,以多种能量互相转化互补的方式来实现能源系统的优化运行,降低某单个系统的负荷,实现能源系统的动态优化配置。多能协同依托高性能能源技术、多能流耦合分析与控制技术、云平台监控运维技术,实现多种能流的优化协同运行,实现全系统的高效绿色运转。

二、信息对称

传统电力等能源网络具有垂直层次式的治理结构,终端用户在其中属于被动用能者,电网公司等对电力网络具有几乎完全的控制权,也几乎完全占有了能源信息,即电网运维者与用户的能源信息是严重不对称的。而随着"互联网+"智慧能源的发展,能源界将产生许多新的业态,比如售电公司的成立等,在这种情况下,能源市场的传统垄断化、垂直化结构将被打破,市场会有更多的参与者进入,而该更为扁平化的能源结构必然将会导致信息交流更为频繁,传统的能源信息被电网公司垄断的情况也会被打破,参与电力、能源市场的各主体都能够享有信息,从而支持其在市场上开展业务。

三、供需分散

传统能源系统为典型的大电网集中式垂直式管理,而"互联网+"智慧能源的改革将使得能源体系走向集中和分布并重的局面,分布式能源将大量参与能源系统,并灵活进行响应,就近解决能源需求问题,并依托互联网技术实现供需优化对接与配置。

四、系统扁平

"互联网＋"智慧能源将使能源体系的治理结构发生变革，垄断和垂直管理的传统结构将会被打破，能源市场参与主体更多，电网公司将更多地向服务者的角色、能源解决方案提供商的角色来转变，终端用户也可以转为产消一体者，各方在扁平化市场中进行互动与合作。

五、交易开放

"互联网＋"智慧能源将使得能源市场活力被激发，多主体将参与能源市场，并将基于用能需求提供多种丰富的服务，各能源供应商可以在市场上展开竞争，整个市场的运行呈现开放的特点。能源市场将在电力体制改革等一系列政策支持的推动下以及能源市场自由发展的环境下建立起充分活跃的市场交易与互动机制，用能用户可像在其他市场一样实现能源的开放、自由交易。

第三节 "互联网＋"智慧能源的
技术需求

一、能源生产智慧化的技术需求

能源生产智慧化，可以实现对能源生产全过程的监控和调度，保证多种能源的协调生产和相互转化，提高能源生产对于能源网络的友好性，并使能源生产与能源传输消费过程紧密联系在一起，实现对于能源网络、消费智慧化的支持，保证能源生产的高效、清洁、绿色、智慧化。

需要建立能源生产运行的监测、管理和调度信息公共服务网络，加强能源产业链上下游企业的信息对接和生产、消费的智能化，支撑电厂和电网协调运行，从生产侧助力能源生产与消费的平衡，提高系统的能效和稳定性。需要鼓励能源企业运用大数据技术对设备状态、电能负载等数据进行分析挖掘和预测，开展精准调度、故障判断和预测性维护，提高能源利用效率和安全稳定运行水平。需要开发促进可再生能源消纳、分布式能源参与能源网络运行的技术，促进非化石能源和化石能源协同发电，降低可再生能源、分布式能源对能源网络的冲击，提高能源系统的绿色、环保性能。需要开发多能流生产协同的分析控制技术，加强不同种能源生产之间的良性互动，基于多能协同控制系统在能源生产端实现多能耦合的优化生产。虚拟发电厂打破了传统电力系统中物理上发电厂之间以及发电和用电侧之间的界限，充分利用网络通信、智能量测、数据处理、智能决策等先进技术手段，有望成为包含大规模新能源电力接入的智能电网技术的支撑框架。

二、能源网络智慧化的技术需求

"互联网＋"智慧能源，强调可再生能源（特别是新能源与分布式能源）和互联网的融合发展，这将颠覆传统的能源系统，并从根本上解决能源的供给和安全问题，将助推新一次能源革命的崛起。我国的能源生产和消费体系还是以煤炭为主要能源类型，且传统电网存在一些安全隐患，发展与分布式可再生能源互联互通的能源互联网将是大势所趋。在城镇化建设的过程中，发展分布式的低碳能源网络很有必要。未来我国城镇化率将继续增加，城镇化发展以后，农民转变为市民，生活质量继续提高，包括留在农村的农民，随着农业现代化的发展，人们的生活水平将得到提高，人均用能和用电都会增加。因此，要特别倡导分布式的低碳能源网络，将集中式电网与分布式网络相结合，包括农网改造，也要注重发展分布式网络，多使用可再生能源。

我国太阳能、风能等可再生能源储量丰富，建设以太阳能、风能等可再生能源为主体的多能源协调互补的能源互联网符合我国实际国情。在构建分布式新能源网络的过程中，需要重点突破分布式发电、储能、智能微网、主动配电网等关键技术，构建智能化电力运行监测、管理技术平台，使电力设备和用电终端基于互联网进行双向通信和智能调控。通过以上的技术突破，实现分布式电源的及时有效接入，逐步建成开放共享的分布式能源新网络。

三、能源消费智慧化的技术需求

受限于目前电力市场建设的不完善，在大多数情况下，电能交易只能遵从单一的交易模式，即用户在需要时直接向电网取电，电力公司以统一的价格向用户收取电费。随着用电量的增长，这种单一交易模式的弊端逐渐显现：首先，为了满足高峰时段的用电需求，电力公司需要预留大量富余容量，在非高峰时段造成大量装机容量的浪费；其次，在目前单一交易模式的影响下，用户养成随取随用的用电习惯，用电设备的智能化程度较低，无法与电网形成良好互动，导致用电高峰的不确定性增加。解决以上问题，既需要探索建立新的电力交易及商业运营模式，同时也需要提高用电设备的智能化程度。

回顾信息互联网的成功经验，其举世瞩目的成就不仅在于创造出了一个信息互联的网络技术体系，更在于孕育出了全新的互联网思维方式与商业运营模式。能源互联网从概念设计阶段即孕育了"互联网思维"的种子，希望通过先进的信息技术"武装"一批广泛的、先进的能源生产者和消费者，以市场化的方式参与到能源系统的运行和竞争中去，全面提升能源系统的运行效率和生产力水平，并推动能源系统生产关系的深刻变化。基于互联网，探索新的电能交易模式，改造用能设施，创造新的能源消费模式。

国家能源局提出，需要开展绿色电力交易服务区域试点，推进以智能电网为配送平台，以电子商务为交易平台，融合储能设施、物联网、智能用电设施等硬件以及碳交易、互联网金融等衍生服务于一体的绿色能源网络发展，实现绿色电力的点到点交易及实时配送和补贴结算。同时，进一步加强能源生产和消费协调匹配，推进电动汽车、港口岸电等电能替代技术的应用，推广电力需求侧管理，提高能源利用效率。基于分布式能源网络，发展用户端智能化用能、能源共享经济和能源自由交易，促进能源消费生态体系建设。

第四节　能源生产智慧化的
技术发展方向

一、基于互联网的能源生产信息公共服务网络

　　需要建立能源生产运行的监测、管理和调度信息公共服务网络，加强能源产业链上下游企业的信息对接和生产、消费的智能化，支撑电厂和电网协调运行，从生产侧助力能源生产与消费的平衡，提高系统的能效和稳定性。重点开发能源生产信息云平台与服务网络，实现与大数据平台、能源生产以及消费等环节智慧终端的互动，并开发相关的能源服务模式，参与和支持能源市场相关业务。

二、基于大数据的生产调度智能化

　　需要鼓励能源企业运用大数据技术对设备状态、电能负载等数据进行分析、挖掘和预测，开展精准调度，故障判断和预测性维护，提高能源利用效率和安全稳定运行水平。重点开发各类智能采集终端，并建设大数据平台，实现对于生产数据动态的全面掌握，并与传输、消费等环节紧密互动，支持需求侧响应。

三、支持可再生能源消纳和分布式能源接入能源网络

需要开发促进可再生能源消纳、分布式能源参与能源网络运行的技术，促进非化石能源和化石能源的协同发电，降低可再生能源、分布式能源对能源网络的冲击，提高能源系统的绿色、环保性。重点开发高灵活性电力系统、支持可再生能源灵活接入的高性能直流电网、交直流混合配电网、新型电力电子器件、储能技术、多能转化以及利用技术、智慧终端以及协同控制技术、支持新能源灵活友好接入的微网技术。

四、多能流生产协同的分析控制技术

需要开发多能流生产协同的分析控制技术，加强不同种能源生产之间的良性互动，基于多能协同控制系统在能源生产端实现多能耦合的优化生产。重点研究电—热—冷多能耦合系统的协同运行技术、多能转化技术，重点解决多能流建模和计算、多能流状态估计、多能流安全分析与安全控制、多能流优化调度和管理等技术问题，从而配合能源传输和消费网络的运行工作。

五、虚拟发电厂技术

需加大在能源网络通信设备、能源数据采集设施、能源生产消费调控设备等基础设施的建设和投入，支撑虚拟发电厂物理层面的建设。需支持对分布式能源预测、区域多能源系统综合优化控制、复杂系统分布式优化等方面的研究，支撑虚拟发电厂调控层面的建设。需要为虚拟发电厂正常参与到多能源系统的能量市场、辅助服务市场、碳交易市场等创造宽松的环境，支撑虚拟发电厂市场层面的建设。在能源系统信息化、自动化程度较高，分布式能源较为丰富的

地区，优先开展相应的试点工作，为虚拟发电厂的推广与应用提供示范。

第五节　能源网络智慧化的
技术发展方向

一、透明电网/能源网

透明电网是指利用先进的"互联网＋"智慧能源技术，实现对源、网、荷、储、用全环节各类设备的信息监控和实时感知，使设备运转信息、电网运行信息和能源市场信息透明共享、平等获取，是互联网与能源网技术深度融合下智能电网的高级发展形态。具体而言，透明电网包括了以下三个方面的内涵：

（一）电网设备状态透明化

电网各类设备基于先进的传感技术与通信技术，具备对自身健康状态、环境状态等核心参数的在线感知能力，可实现电网的在线实时状态监测、态势感知、智能运维和状态检修等功能。

（二）电网运行状态透明化

以电网设备的全状态感知为数据基础，以互联网技术为信息纽带，可对电网传输能力、电能质量、安全性和可靠性等关键信息进行在线实时感知与信息监控，实现电网的在线安全风险评估、优化经济运行和智能决策调度。

（三）电网市场信息透明化

在用户市场侧，"互联网＋"智慧能源技术使得电网及其他能源网络透明化、数据化、价格化，电网的电力传输能力、质量、可靠性、电网输配电价格、各类电力市场及辅助服务价格、交易过程/结果实时发布等信息共享公开，源、网、储、荷等所有参与者可以自由选择、灵活交易。同时，电网市场信息的透明化有助于市场监管方及所有参与者对能源交易过程的实时监控。

在智能电网与能源网深度融合的背景下，"互联网＋"智慧能源技术逐渐成熟，将为透明电网带来广阔的应用前景。以电网设备与电网运行状态的透明化所产生海量的实时状态数据为基础，可实现电网运行调度决策的智能化，支撑发电设备广泛接入与精准预测发电，实现跨区域、大规模能源资源优化配置，科学分配需求侧负荷以及提取关键信息，实现状态估计与故障辨识。基于透明电网的实现，可培育"互联网＋"综合能源服务的新商业模式，如发展与"互联网打车平台"相似概念的分布式第三方运维服务，利用透明电网与互联网技术匹配闲置的运维服务资源，有效解决大量分布式能源网络场景下专业运维队伍缺乏与运营区域和电力资产分散的矛盾。此外，透明电网可适应各类可再生小微能源的接入，逐渐形成泛在能源网，打破时空限制，实现能源的随时随地接入与使用。更进一步，透明电网促进可再生能源为主体的能源结构的发展，能源生产边际成本趋零；分布式能源就近获取，输送边际成本趋零；多种能源网融合，能源转换边际成本趋零；用户逐渐成为产消者，能源消费边际成本趋零；互联网交易和共享促进能源交易和增值服务，能源交易边际成本趋零。最终发展成为零边际成本电网/能源网。

二、泛在电力物联网

泛在电力物联网是时下电网建设的热点，增量配电网区域作为以后政府产业布局、用户多元发展的集约地，也应顺应技术发展潮流，提前谋划区域内泛在电力物联网的建设，增强供电企业对区域内电网全流程状态的实时掌控能力，了解市场需求，有利于增强供电企业的市场竞争力。泛在电力物联网的基本概念：围绕电力系统各环节，充分应用移动互联、人工智能等现代信息技术、先进通信技术，实现电力系统各环节万物互联、人际交互，具有全面感知、信息高效处理、应用便捷灵活等特征的智慧服务系统。

在增量配电网区域内建设泛在电力物联网，能够将电力用户及其设备、电网企业及其设备、发电企业及其设备、供应商及其设备，以及人和物连接起来，产生共享数据，为用户、电网、发电、供应商和政府提供社会服务，以电网为枢纽，发挥平台和共享作用，为全行业和更多市场主体发展创造更大机遇，提供价值服务。同时，增量配电网的投资主体也能充分利用泛在电力物联网，为有关各方提供多元化的电力服务，甚至可以超越电力的局限性，提供更多生活、出行等方面的增值服务。

泛在电力物联网是电网发展的高级形态，在现有智能电网的基础上，从全息感知、泛在互联、开放共享、融合创兴四个方面加以提升。一方面，需将没有连接的设备、用户连接起来，将没有贯通的业务贯通起来，将没有共享的数据即时共享起来，形成跨专业数据共享共用的生态，把过去没有用好的数据价值挖掘出来；另一方面，电网存在被"管道化"的风险，需要利用电网基础设施和数据等独特优势资源，大力培育发展新兴业务，在新的高层次形成核心竞争力。泛在电力物联网具有以下特点：

①全息感知。

实现能源汇集、传输、转换，利用各环节设备实现客户的状态全感知、业务全穿透。

②泛在连接。

实现内部设备、用户和数据的即时连接，实现电网与上、下游企业和客户的全时空泛在连接。

③开放共享。

更好地发挥带动作用，为全行业和更多市场主体发展创造更大机遇，实现价值共创。

④提升客户。

推动"两网"深度融合与数据融通，提高管理创新、业务创新和业态创新能力。

三、基于互联网的能量管理技术

（一）先进量测技术

全面精确的态势感知是实现高效管理调度的基础。与传统电网环境下的能量管理系统相比，"互联网＋"智慧能源环境下的能量管理系统需要考虑的能源类型更多、可以检测的物理设备范围更广、粒度更细、频率更高，对"即插即用"要求更严。因此，需要在自动抄表技术基础上，发展更加先进的智能感知技术、高级量测传感器、通信技术、传感网络系统以及相关标识技术，制定量测传递技术标准。除采用以上的侵入式检测方式外，也可采用基于统计模型、结构模型、模糊模型的模式识别方法，基于谐波特性的电流检测法等非侵入式检测方法识别负载特征、建立用户的用能行为模型，以低成本、小干扰的模式实现精确量测。建立多能计量，集数据存储、数据分析、信息交互于一体的能源互联网智能化监测平台。

（二）高可靠通信技术

智慧能源通信系统负责控制、监控、用户等多类型数据的高速、双向、可靠传输。基于互联网的能量管理系统对采用的分层递阶式架构通信系统提出了新的要求。同时，"互联网＋"智慧能源应用环境、成本、"即插即用"设备的动态变化等也会对通信技术的选取产生影响。因此，基于互联网的能量管理系统通信技术的选取，主要由所传输的数据类型、通信节点数量、设备地理位置分布、能源局域网数量、各能源局域网运行目标以及智慧能源网总体运行目标等因素综合决定。覆盖区域上，智慧能源通信网络需要局域网、区域网、广域网 3 种网络支持，实现与数据中心、电力市场、调度中心等机构信息互联。相关的成熟协议有 Wi-Fi、ZigBee 协议、OpenHAN 协议。由于能源局域网间的能量共享一直处于动态变化中，多能源局域网间的能量协调对通信带宽、通信速率、通信可靠性的要求更高，部分能源局域网地处偏远且无法单独建立通信网络，要求"互联网＋"智慧能源在充分利用现有通信基础设施的基础上，发展新一代通信技术。针对"互联网＋"智慧能源多种能源形式融合的特点，需要研究建立多能源网络信息通信交互接口与标准协议。此外，如何保障用户的隐私、降低用户数据泄露的风险，以及增强通信系统抗干扰、防非法入侵的能力，对未来"互联网＋"智慧能源的安全运行、保障用户隐私及经济利益具有重要意义。

（三）节点可调度能力预测技术

对各类能源局域网节点可调度能力的准确预测，是实现能源互联网能量优化管理与调度的基础。可调度能力预测一方面需要针对节点系统结构，建立部分因素之间的关系模型；另一方面，有必要结合历史实际发生的数据，通过基于大数据的机器学习，更新完善天气、发电、用电和可调度能力之间的关联关系模型，并综合得到节点能量可调度能力的预测数据。

首先，将能源互联网系统按照电压等级划分为若干层次，根据地区、网络结构等因素划分为若干区域，从而将能源互联网当作由诸多节点及节点关系构成的网络化体系；其次，对节点内部能量的产生、消耗、存储能力进行建模，建立相邻节点间的能量交互规则，以描述节点间能量转移的信息流、能量流和控制流；再次，运用关联度分析、特征提取、聚类识别等方法建立节点可调度能力与影响因素（包括历史天气数据、历史产能数据、历史用能数据、历史调度执行数据等各类数据）之间的关联关系模型；最后，通过分析单位产能与费用、环保等指标的关系，同工况不同节点及同节点不同工况下可调度能力与成本的关系，构建节点可调度能力与成本的关系模型，从而能够在实际调度中迅速预测节点的实际可调度能力。

（四）基于模型预测控制的能量优化调度技术

在能源互联网环境下，传统的基于日前规划和实时调整校正的能量管理模式在安全性、经济性等方面难以满足能源互联网的需求，而能够较好融合预测模型、具有滚动优化与反馈校正功能的模型预测控制方法更能满足能源互联网的需求。在每一个采样周期内，模型预测控制方法以有限时域内的基于系统实际状态的滚动优化代替传统的开环优化思路，并通过场景生成与消减技术进一步降低预测误差对调度结果的影响。

当能源互联网中可再生能源出力渗透率非常高时，为最大限度降低可再生能源出力随机性、不确定性对能源互联网安全运行的影响，有必要采用基于随机性模型预测控制的优化调度或基于鲁棒模型预测控制的优化调度方法。基于随机性模型预测控制的优化调度方法，既能够较大程度降低预测不确定性对能源互联网运行的影响，又具有较好的经济性。同时，由于基于机会约束规划的模型预测控制方法与标准模型控制方法类似，因而在能源互联网环境下，主要考虑基于场景的模型预测控制方法。

第六节　能源消费智慧化的
技术发展方向

一、基于互联网的能源交易

当前能源市场化定价机制尚未完全形成，发电企业和用户之间的市场交易受限，因此《国务院关于积极推进"互联网＋"行动的指导意见》提出要开展绿色电力交易服务区域试点，使能源供应方和需求方可在能源交易服务平台进行交易，用户根据自身用能需求选择供应方直接购电，协定购电量和购电价格。在此过程中，智能电网作为配送平台，电子商务作为交易平台，可同时结合碳交易市场，实现能源实时配送和补贴结算。供需双方通过能源交易服务平台，实时发布能源供应和消费信息，实现能源供给侧与需求侧数据对接，形成开放化竞争性市场，推进能源生产和消费协调匹配，极大提高能源配置效率。例如，德国部分地区消费者能够将多余的能源在交易平台上出售，用户从消费者变为既是生产者又是消费者，目前已有 15%的电能交易是在电力交易平台上完成的。

电能进行自由、公平、公开的交易是能源互联网的重要目标之一，能源路由器的主回路负责电能按照预定计划流通，而应用层的购/售电模块完成电能交易。基于互联网的一次电能交易过程如下：

假设能源路由器 A 连接有本地负荷和本地分布式可再生能源。A 中的功率预测模块对本地分布式可再生能源和负荷在未来一段时间内的功率进行预测，假定本地发电量不足以满足本地负荷需求，能量缺额预计为 E，这部分能量需要 A 从能源互联网获取。

第一步：A 向能源互联网中其他能源路由器发出广播，广播的信息至少包括 A 的标识符及所在位置、电能需求及时间段。

第二步：能源互联网中其他能源路由器收到 A 发出的广播，根据自身情况，对 A 做出反应，例如有 B、C 两个能源路由器能够满足或部分满足 A 在该时间段内的能量需求，B、C 选择好路由，经核算，B、C 认为自身的发电成本和路由成本（与距离相关）较低，对 A 报价有吸引力，因此 B、C 分别做出响应，响应信息包括能够提供的电能及报价。网络中其他能源路由器若认为路程太远。或自身发电成本过高，或不具备提供电能的能力，则不对 A 做出响应。

第三步：A 收到 B 或 C 的回应信息，按照价格从低到高排序，选择最低价成交，若最低价的电能不能满足要求，则选择次低价继续成交，直至满足 A 的电能需求为止。A 选择好一个或多个成交对象，向成交对象发出确认信息。

第四步：A 选定的成交对象收到 A 的确认信息后，在确认信息中加上自己的签章返回给 A。至此，交易的第一部分已经完成，即达成了电能的买卖协议，第二部分就是到时间后履行协议。

第五步：到约定时刻后，A 与达成协议的能源路由器按照预先设定好的路由建立逻辑连接，A 从网络中吸收功率，成交的路由器同时放出相同的功率，路由产生的损耗由各级路由器自行补齐，卖方向其支付一定路由费用。

第六步：能量传输完毕，协议履行结束，计量采用第三方经过认证的计量表计和系统，买方向卖方支付协议款项，经双方确认后解除协议，断开逻辑连接。

至此，一次完整的电能交易完成。从上述交易过程可以看出，电能交易是建立在自愿的原则上的，交易是公开、公平、公正的，自动实现了买家购电成本最小化，卖家售电效益最大化，同时促进了分布式电源的就地、就近消纳。

二、基于互联网的用能设施的推广

（一）智能家电

为满足电力峰荷需求，需要大量备用电能，这将造成非峰荷时段资源的浪费。智能用电双向交互技术可指导用户合理用电，有效调节电网负荷峰谷差，从而提高电能利用率及电网运行效率。

为改善电网负荷曲线，传统的需求响应（demand response, DR）主要针对工商业等大型电力用户展开，针对居民用户主要采用拉闸限电的调峰策略，用电方式较为被动。在智能电网环境下，智能终端设备的接入、电力通信技术的发展以及高级量测架构的建设，促进了智能用电双向交互技术的发展，双向交互为居民参与自动 DR 和实现智能用电提供了技术基础。智能用电双向交互技术充分考虑了居民用电的自主性和差异性特征，可为用户提供智能化、多样化、便利化服务，同时又可实现电力公司对居民用电的有效管理与控制。居民用户中智能可控负荷比例的不断增加，为采用新型负荷控制手段主动响应电网需求提供了可能。

居民用电时间及专业知识的限制对其参与 DR 造成了不便，智能家电管理控制方案可实现 DR 自动控制，同时尽量不影响居民正常生活。

系统采用基于智能电网的通信技术，小区电力控制中心与电网控制中心间都可进行双向通信。

智能家电控制器位于被控家电端，包括数据采集处理模块、控制模块及通信模块，其功能如下：

①数据采集及处理。实时采集被控家电运行状态信息，并进行数据处理。

②控制功能。针对不同的家电实现通/断电控制。

③通信功能。可与控制主机进行双向通信：一方面，将实时采集的家电状态数据传送至控制主机；另一方面，可接收控制主机下发的各项家电控制命令。

为实现电网削峰填谷或其他负荷控制目的,小区电力控制中心接收电网控制中心命令,并根据不同用户用电特性向用户控制主机下发 DR 命令;控制主机接收到 DR 信号后,对比分析实时家电数据,当总用电功率高于 DR 用电要求时,执行算法做出负荷控制决策。此外,用户可通过控制主机的人机交互界面,预先对被控家电进行负荷需求设定,提高用户参与 DR 的主动性。

(二)虚拟调峰电站

仅靠单一增加发电规模的传统方式无法满足人们对电力与日俱增的需求,必须调动负荷资源参与电网调峰,才能有效缓解电力供需矛盾。从广义上说,需求侧可互动的资源有很多,例如各类照明、空调、电动机等负荷,各类蓄冷、蓄热、蓄电等储能设备,以及分布式电源、电动汽车等能源替换设备等。通过调动这些负荷资源参与调峰,可起到实际调峰电厂的作用。引导用户参与调峰需要配合激励政策。同时,还需对参与的负荷进行组合控制,最大限度利用负荷的调峰潜力。虚拟电厂的运行流程包括启动、执行和评价 3 个阶段。虚拟调峰启动阶段的主要任务是开展用户调研和用户筛选,用户参与虚拟调峰方式确定以及与用户签署参与虚拟调峰相关的协议。在启动阶段,对于用户调控方式的确定和调控潜力的评估是项目实施的技术关键点。

虚拟调峰执行阶段分为省级和地市两级执行。省级完成的任务是接收负荷调度指令,确定调峰需求和目标,开展地市调峰能力预测,向各个地市分解调峰负荷;地市完成的任务是接收省级下发的调峰负荷,进行各个楼宇调峰能力预测,向每个用户分解调峰负荷,最终完成通知信息和指令下发。在执行阶段,确定基本负荷容量和调节负荷容量是项目实施的技术关键点。

虚拟调峰评价阶段的主要任务是实时监测用户调峰的执行状况、进行调峰效果评估和统计,最终进行调峰效益模拟计算。

三、基于互联网的能源领域商业新模式

充分应用互联网思维，将当下互联网环境下实施的较为成功的商业模式与能源互联网平台有机结合，可拓展出种类丰富的新型商业模式。

（一）集中式整体平衡，渐进式自适应能效分摊机制

对区域能源互联网的运营效益进行综合评价，并与主网、其余区域互联网的综合运营效益进行对标。对标结果将反映为价格落差由区域能源互联网内的参与主体分摊，从而改变各主体的参与成本和收益，进而产生激励效果。在示范区内部，对各主体也进行相应的考核与激励，从而确定价格落差具体分配标准。

构建基于大数据的能源互联网区域集中多能调度服务平台。

示范区能量流、信息流和价值流结合的实现主要依托于能源互联网区域集中多能调度服务平台（简称多能平台）的实现。多能平台的核心功能是在满足用户用能需求的条件下实现能源互联网的能效最大化。基于大数据和云计算原理，多能平台应实现以下关键技术：能源替代效益测算，市场主体分类标杆能效和各主体实际能效测算，用户分类用能情况测算，用户用能边际效益测算。在实际建设中，可先根据周边地区和本地区历史数据得出理论标杆值。在运行过程中，不断收集、分析数据并对标杆值进行修正，最后逐渐逼近真实值、适应实际的能源供需环境。多能平台可实现示范区市场机制的渐进成熟和自适应。

（二）分散式微平衡的商业模式

分散式微平衡的商业模式将成为未来能源互联网商业模式的主体。
①能源自供。
在推广分布式发电和分布式储能的基础上，各类用户可自己满足用能需求。若有盈余，则可就地进行分布式能源节点的排布。比如在商业中心楼宇配

置风光互补发电系统，而在附近安装有该中心供能的电动汽车充电桩等。

②能源代工。

由中间商统一采集各类用户的能源需求并统一受理、报价。中间商与若干能源提供商建立代工关系，由后者代工生产相应的能源，并提供给用户。

③能源团购。

类似于现有的网络团购。用户以团购的方式聚集购买力，以提升用户在市场博弈中的地位；同时为能源提供商提供了大宗销售的平台，便于其进行统一管控。适用于分散但总量可观的城乡个体用户群，有利于节约双侧成本。

④能源救援。

为应对突发的用能中断状况，用户联系能源救援公司，由公司就近指派能源救援服务站为用户提供应急的能源供应。能源救援公司根据具体情况收取能源使用的费用和佣金。该模式适用于各种类型的用户，和电动汽车市场有较好的耦合度。

⑤能源期货。

以标准形式确定能源交易期货规格，新兴的能源供应商可借由较低的期货价格吸引用户，从而实现融资的目的。

⑥能源担保。

在大中规模用户与能源提供商交易时，由中间商对供需双方进行担保，提高交易效率以加快资金流转速度。

⑦能源桶装。

对能源服务进行规范化和标准化，具体可包括标准化储能设备、标准化供能曲线、供能格式合同等。该模式适用于中小规模的城乡用户，可使户更便捷多元地塑造自我能源消费结构。

⑧滴滴能源。

为不同种类的能耗用户提供个性化的点对点能源服务。能耗用户可将自己的用能需求信息发布到系统平台上，附近的能源供应商在看见用户发布的信息之后可选择进行匹配或忽略。匹配确认后双方可进行进一步协商和交易。该模式适用于各种类型的用户，且随着能源互联网技术的发展，支持的用户需求种类将不断拓展。

⑨能源 Wi-Fi。

随着未来无线充电等技术的进一步发展和普及，对用户提供大范围无线充能服务成为可能。用户连接无线充能热点后对用能设备进行充电，充电完成后使用绑定的账号进行付费。无线热点主要覆盖商业楼宇和居民用户。

⑩能源定制 4.0。

基于生产的高度自动化，为用户量身定制能源产品和服务搭配方案。该模式覆盖的范围将随着技术革新逐步扩展，最终实现覆盖所有种类的户单元。

⑪能源点评。

开发专门的能源领域点评软件，允许各类用户和能源服务类公司进行双向点评。该模式类似于现有的"大众点评"，有利于交易信息的公开化，可与其他商业模式进行耦合，并有利于提高其效率和信用。

⑫淘能源。

类似于现有的各类网络购物网站。构建网络交易平台，使各类能源服务公司都能够在平台上开网店，出售各类产品和服务供用户选择。该模式广泛适用于各类商业主体，提供了大型的网络能源交易平台。

⑬能耗顾问。

成立能耗顾问公司，为用户提供信息分析和顾问服务，指导用户进行用能规划。

⑭能源托管。

在能耗顾问的基础上发展出类似于能源管理公司的能源托管公司。用户可将自己在一段时间内的用能委托给能源托管公司，利用其更专业的算法、更全面的数据和特殊的能源来源渠道对该时段的用能需求进行全程规划安排。在满足用户用能要求的基础上，节约下的用能花费作为收入由用户和能源托管公司分配。该模式适用于城乡小用户，可在节省用户时间成本同时提升节能减排效果。

⑮能源众筹。

能源投资者在资金不足的情况下，可以通过能源众筹平台来筹资，多方联合进行投资。适用于小规模投资主体，有利于新平台、新技术的发掘。

⑯能源借贷。

类似于现有的商业银行贷款。成立能源借贷公司，用户基于自身需要签订能源借贷合同。该模式可用于多种负荷类型和规模的用户，尤其适用于工程单位，可为其解决能源规划问题和提供项目期能源支持。

（三）园区综合能源服务的商业模式

商业模式为获得投资回报的途径。园区能源互联网在中国刚步入实践验证阶段，园区 IES（信息系统）的商业模式更未成熟。因此，笔者从当前园区综合能源服务的商业模式进行分析。

园区 IES 不是传统各种单一能源服务的简单叠加。园区 IES 核心商业模式是"源—网—荷—储"一体化运营，即园区 IESP（智能电子选择模式）以园区能源互联网为载体，对内实现园区"源—网—荷—储"协调，提供一揽子服务，对外以园区"源—网—荷—储"有机整体，与交易中心、调度中心、外部能源企业等主体实现友好互动。园区 IESP 不仅能够获得园区内各种服务收益，而且能够通过内外友好互动获得相应服务收益

在上述园区 IES 商业模式下，其投资回报来源包括内部和外部收益。内部收益包括能源销售收益、代理交易收益、设计咨询和设备租赁收益、信息服务收益、节能共享收益等多种服务收益。区别于各种单一能源服务的简单组合，园区 IES 立足于园区典型场景，服务更具有针对性和专一性，同时园区 IESP 能够有效集成多元主体的服务资源，总体服务成本将有效降低。但是受限于园区整体规模，内部收益总体水平仍有限。

外部收益是园区 IES 商业模式所特有和价值提升的关键。园区 IESP 对内通过智能能量管理、综合能源零售套餐、EMC 等多种技术和经济手段，实现园

区用能负荷的灵活、可控、友好。对外园区 IESP 以单一独立主体代表园区整体，相比于其他主体，依靠其内外能源交换更灵活、更友好的特性，获得增值收益。外部收益是满足园区内能源消费需求基础上发掘的内外互动额外价值，主要包括：

①可控的交换负荷使园区 IESP 以独立辅助服务提供商的身份，为外部能源网络提供可中断负荷，黑启动等辅助服务，获得相应补偿收益，园区 IESP 与外部调度中心之间形成网对网服务关系。

②稳定的交换负荷使园区 IESP 以能源零售商的身份，参与外部能源市场交易，有效减少负荷预测偏差等风险，获得内外价差收益。

③园区 IESP 对内开展差异化的综合能源零售套餐，对外以大用户的身份，响应外部价格相对粗犷的需求响应机制，获得内外价差收益。

④清洁低碳的交换负荷能够有效提升园区能源消费的环保和社会价值，获得能源外部性成本收益。

参 考 文 献

[1] 艾文渊. 智能电网大数据技术发展探索[J]. 数字技术与应用, 2016 (10): 255-256.

[2] 陈栋. 电网大数据应用平台研究[J]. 现代科学仪器, 2018 (6): 110-113.

[3] 陈阳, 王勇, 孙伟. 基于 YARN 规范的智能电网大数据异常检测[J]. 信息网络安全, 2017 (7): 11-17.

[4] 陈晔. 智能电网大数据技术发展探索[J]. 科技资讯, 2016, 14 (29): 2-3.

[5] 戴庆华, 晏治喜, 漆铭钧, 等. 智能配电网大数据典型应用场景研究[J]. 电力大数据, 2018, 21 (11): 43-49.

[6] 丁冉. 智能电网大数据技术探究[J]. 数字通信世界, 2017 (11): 155-156.

[7] 方小宇. 浅析配电网大数据应用[J]. 电力系统装备, 2020 (18): 19-20.

[8] 冯国平, 解文艳, 吉小恒. 南方电网大数据发展研究[J]. 南方能源建设, 2017, 4 (A1): 13-17, 27.

[9] 谷丽娜. 智能电网大数据处理技术现状与挑战[J]. 科学与信息化, 2021 (10): 14.

[10] 郭璐冰. 智能电网大数据平台及其关键技术分析[J]. 通信电源技术, 2021, 38 (6): 234-236.

[11] 何鹏. 智能电网大数据处理技术应用探讨[J]. 云南电力技术, 2020, 48 (A1): 108-110.

[12] 黄伟, 曹健. 智能电网大数据技术的发展研究[J]. 无线互联科技, 2015 (15): 19-20.

[13] 黄翔, 陈志刚. 智能电网大数据信息平台研究[J]. 南方能源建设, 2015 (1): 17-21.

[14] 江疆，彭泽武，苏华权. 电网大数据跨行业数据融合应用场景[J]. 微型电脑应用，2022，38（9）：130-132，147.

[15] 李国文，王静怡，陈红. 面向智能电网大数据的分析研究[J]. 中国科技纵横，2017（19）：145-146.

[16] 李伟，张爽，康建东，等. 基于 hadoop 的电网大数据处理探究[J]. 电子测试，2014（1）：74-77.

[17] 李彦杰. 探究智能电网大数据技术发展[J]. 电力系统装备，2020（6）：27-28.

[18] 李占英. 智能配电网大数据应用技术与前景分析[J]. 电力大数据，2017，20（11）：18-20.

[19] 梁馨予，方锐，甘青山，等. 新型配电网大数据集成技术与应用[J]. 电力大数据，2022，25（7）：53-61.

[20] 刘庆连，王雪平. 智能电网大数据异常状态实时监测仿真[J]. 计算机仿真，2019，36（3）：364-367.

[21] 刘诣超. 智能电网大数据技术发展探索[J]. 通讯世界，2017（12）：212-213.

[22] 吕维体. 智能电网大数据技术发展研究[J]. 通讯世界，2017（13）：133-134.

[23] 乔东伟，尚建华，贾学瑞. 论智能电网大数据技术的发展[J]. 科技风，2018（13）：166.

[24] 沈晓羽. 电网大数据技术分析[J]. 通讯世界，2017（10）：196-197.

[25] 石菲. 智能配电网大数据应用技术与前景探讨[J]. 通讯世界，2021，28（5）：140-141.

[26] 孙名妤，徐明燕，张凤棣，等. 基于电网大数据拓扑的电网运行风险预警的研究[J]. 电力大数据，2021，24（9）：9-16.

[27] 汤勇峰. 智能电网大数据技术发展研究[J]. 电脑知识与技术，2017，13（31）：242-243.

[28] 涂腾.智能电网大数据的核心技术[J].建筑工程技术与设计,2017(14):796.

[29] 王浩淼.用于智能电网大数据分析 Lambda 架构[J].信息技术,2020(2):161-166.

[30] 王建锋.智能电网大数据处理技术现状与挑战[J].大众标准化,2020(24):142-143.

[31] 王璟,杨德昌,李锰,等.配电网大数据技术分析与典型应用案例[J].电网技术,2015,39(11):3114-3121.

[32] 王龙,朱孜.浅析智能电网大数据技术发展[J].通讯世界,2019,26(6):224-225.

[33] 王韶英.智能电网大数据的处理技术[J].信息与电脑(理论版),2016(17):129-130.

[34] 土鑫,赵龙,张淑娟,等.面向配电网大数据的自组织映射知识融合算法[J].合肥工业大学学报(自然科学版),2022,45(5):620-624,653.

[35] 吴佳,苏丹,袁卫国,等.云计算智能电网大数据驱动的方法研究[J].计算技术与自动化,2020,39(2):184-188.

[36] 吴凯军,陈东.智能电网大数据应用问题分析[J].电子世界,2017(10):12-13.

[37] 武奕彤.浅述智能电网大数据技术发展[J].百科论坛电子杂志,2018(10):439.

[38] 邢宇辰.智能电网大数据技术发展研究[J].中国新通信,2019,21(4):52.

[39] 徐昊楠.智能电网大数据处理技术研究[J].科技与创新,2017(24):64-65.

[40] 徐宁,王艳芹,董祯,等.基于 Apache Spark 的配电网大数据预处理技术研究[J].华北电力大学学报(自然科学版),2021,48(2):40-46,54.

[41] 闫昕.智能电网大数据处理技术现状与挑战[J].长江信息通信,2021,34

（7）：114-115，118.

[42] 杨程. 智能电网大数据技术发展初探[J]. 电子世界，2017（9）：71.

[43] 袁捷. 贵州电网大数据应用探讨[J]. 电力大数据，2017，20（12）：4-7.

[44] 袁智勇，肖泽坤，于力，等. 智能电网大数据研究综述[J]. 广东电力，2021，34（1）：1-12.

[45] 张东霞，苗新，刘丽平，等. 智能电网大数据技术发展研究[J]. 中国电机工程学报，2015（1）：2-12.

[46] 张栋伟. 智能电网大数据技术发展研究[J]. 百科论坛电子杂志，2019（12）：429-430.

[47] 张坤峰，张云龙. 智能电网大数据技术发展研究[J]. 中国科技纵横，2016（11）：147.

[48] 赵磊，刘印磊，闫坤，等. 智能电网大数据技术发展研究[J]. 城市建设理论研究（电子版），2016（3）.

[49] 赵腾，张焰，张东霞. 智能配电网大数据应用技术与前景分析[J]. 电网技术，2014（12）：3305-3312.